Tous nos ouvrages sont disponibles aux

Éditions Decoopman
Ferrières
30440 Saint-Laurent-le-Minier
web : www.decoopman.com
e.mail : livres@decoopman.com

Traduit de l'anglais (États-Unis) par Decoopman

Olivier Lacaux
Jean Castanier

I.S.B.N. 978-2-36965-199-4
Dépôt légal : 2e trimestre 2025

Conception et usinage des CAMES

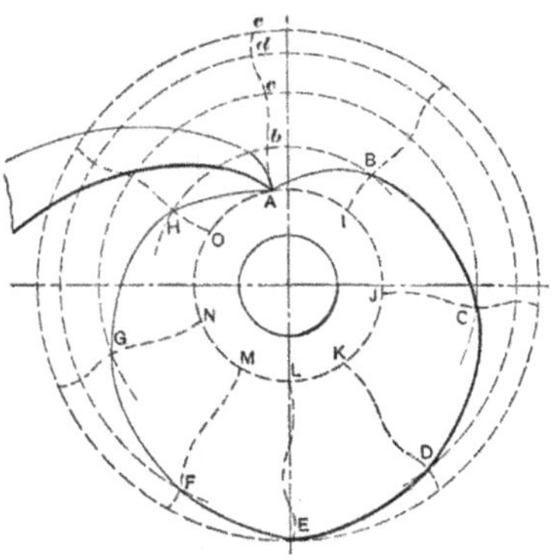

Traçage des cames.................................Louis Rouillion
Courbures de cames ....B. Babbitt & F. H. Sibley
Conception et découpe des cames ....J. L. Dinnany
Découpe des cames maîtresses..................H. C. Barnes

Chapitre I

Traçage des cames

Une came est un dispositif permettant de convertir un mouvement circulaire en mouvement alternatif. Elle consiste généralement en un disque ayant une face irrégulière qui agit comme conducteur d'un poussoir en contact avec elle, ou bien d'une rainure découpée dans une surface plate ou courbe.

Les cames sont des accessoires très utiles pour de nombreuses formes de machines, car grâce à elles, divers mouvements complexes et compliqués peuvent être obtenus, ce qui serait autrement impossible. Leur utilisation est cependant accompagnée de quelques objections de caractère suffisamment sérieux pour justifier la substitution d'une autre méthode pour parvenir à un résultat souhaité lorsque cette autre méthode est disponible.

Parmi ces objections, on peut mentionner la quantité considérable de friction, produisant de l'usure, et l'action bruyante des mouvements de came.

Malgré ces objections, les cames sont largement utilisées et employées dans de nombreuses machines courantes.

Les moissonneuses, les presses à imprimer, les machines à coudre, les métiers à tisser et les mécanismes de soupapes à vapeur sont quelques-unes de ces machines qui utilisent les cames. Les formes plus compliquées de machines automatiques, les machines à vis automatiques, par exemple, dépendent largement de l'aide des cames. Les différentes machines utilisées dans la fabrication de chaussures sont également de bons exemples de cette catégorie.

Tracer une came pour un mouvement alternatif uniforme

La connaissance du tracé des cames est simple et s'acquiert facilement. Le tracé d'une came en forme de cœur servira d'illustration de la méthode générale. Cette came est utilisée pour convertir le mouvement circulaire en mouvement alternatif uniforme. Supposons qu'il soit nécessaire de tracer une came qui déplacera un poussoir avec une vitesse uniforme sur une course de 3,8 cm. Cette action peut être montrée graphiquement à l'aide d'un diagramme, fig. 1. Seule l'action de la moitié du mouvement complet doit être considérée, car le retour du poussoir se fait le long d'une courbe similaire à celle provoquant la montée.

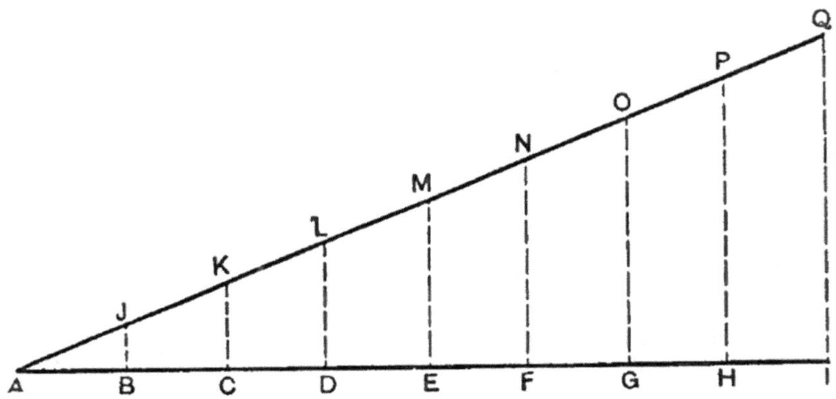

Fig. 1. - Diagramme montrant graphiquement le mouvement transmis au suiveur par les cames des figures 2 et 3.

Par conséquent, supposons que A I, une ligne de longueur indéfinie, représente une demi-révolution de la came. À I, tracez la perpendiculaire I Q égale au déplacement extrême, dans ce cas 3,8 cm. Comme la montée du poussoir doit être uniforme, cette action peut être montrée par une ligne droite reliant A et Q. Divisez la ligne A I en un certain nombre de parties égales, disons huit, et dressez des perpendiculaires aux points de division. Le point E représentera alors un quart de révolution de la came, et la distance EM représentera le déplacement à ce point. De la même manière, la distance CK représente la quantité de déplacement à un huitième de révolution, la distance G O, le déplacement à trois huitièmes de révolution, et ainsi de suite pour les autres perpendiculaires.

Pour tracer la courbe de la came, décrivez autour de X, fig. 2, comme centre, un demi-cercle quelconque, *aei*. Divisez ce demi-cercle en

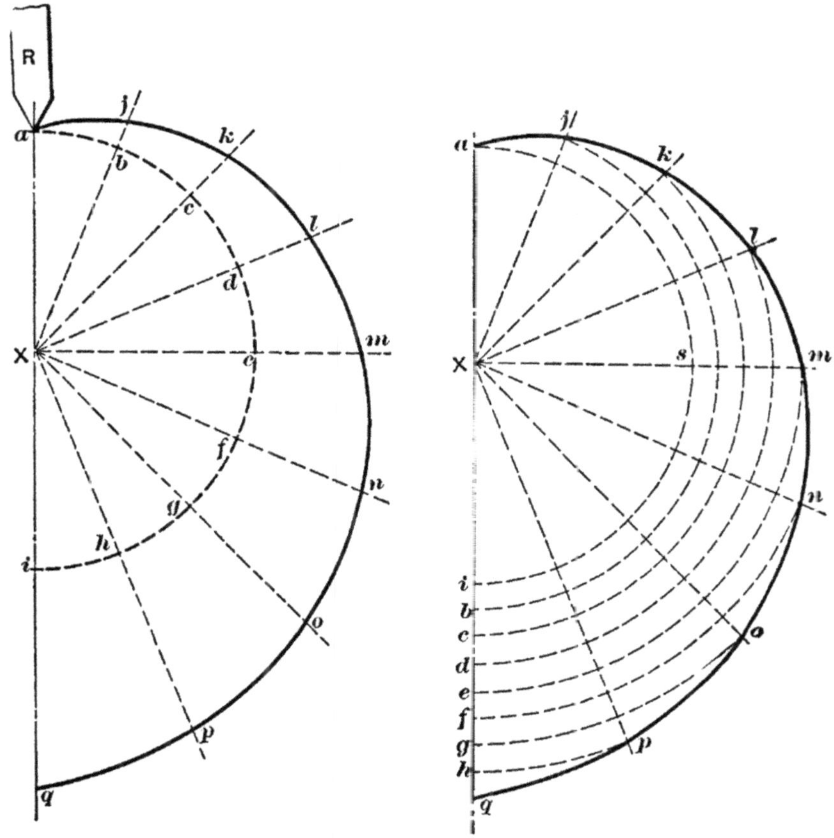

Fig. 2-3. – Disposition des cames à mouvement uniforme.

autant de parties égales que la ligne A I a été divisée. Reliez ces points de division avec le centre X, et prolongez les lignes indéfiniment au-delà du demi-cercle. Sur X *b*, faites *bj* égal à B J, sur X *c*, faites *c k* égal à CK et ainsi de suite, en prolongeant chaque rayon d'une distance égale à la perpendiculaire correspondante de la fig. 1. Ensuite, à travers les points *a, j, k, I,* etc., tracez une courbe lisse. Cette courbe est la moitié de la courbe de came requise. En traçant une courbe similaire à gauche de *a*, la courbe de la came est complétée. En faisant tourner la came autour du centre, X, le poussoir R serait forcé de monter, avec une vitesse uniforme, sur une distance de 3,8 cm. Pendant la seconde moitié de la révolution, il descendrait uniformément, à l'aide de la gravité ou d'un ressort, jusqu'au point initial *a*.

Méthode alternative de tracé de la courbe de la came

Une autre façon de tracer la même courbe de came est la suivante : tracez un demi-cercle quelconque, *a s i*, fig. 3, et prolongez le diamètre d'un côté sur une distance *i q* égale au déplacement requis. Divisez *i q* en un certain nombre de parties égales, comme à *b, c, d*, etc., et divisez le demi-cercle par le même nombre de rayons également répartis.

Avec X comme centre et un rayon égal à X *b*, décrivez un arc coupant X *j* en *j*. Avec le même centre et un rayon égal à X *c*, décrivez un arc coupant X *k* en *k*. Continuez ce processus à travers les points *d, e, f*, etc., obtenant ainsi les points *l, m, n*, etc. Ces derniers sont les points sur la courbe souhaitée.

La friction excessive d'un poussoir pointu tel que celui montré en R nécessite l'emploi d'un poussoir qui réduira la quantité de friction au minimum. Un petit rouleau répond à cette exigence. Si un rouleau est utilisé comme poussoir, le problème de tracé de la courbe de la came devient modifié. Un rouleau se déplaçant le long des courbes montrées dans les figures 2 et 3 ne donnerait pas à la tige du poussoir la montée et la descente uniformes souhaitées. La variation serait légère mais cependant importante vu la précision demandée.

Cames avec poussoirs à rouleaux

La figure 4 représente une came en forme de cœur de mêmes dimensions que dans les figures 2 et 3, mais avec un poussoir à rouleaux. C'est le chemin du centre de ce rouleau qui nécessite la première attention, car la position de ce centre régule le déplacement. Par conséquent, la position du centre du rouleau à divers intervalles dans la rotation de la came doit être déterminée.

Cela peut être fait en ajoutant à chacune des distances J B, K C, L D, etc., dans la fig. 1, le rayon du rouleau, et ainsi obtenir les points, *j, k, l*, etc. Avec ces points comme centres et avec des rayons égaux à celui du rouleau, décrivez des arcs. Une courbe tracée tangentiellement à ces arcs est la courbe de came requise.

Cette came dépend de l'action de la gravité, ou d'un ressort, pour maintenir le poussoir en contact avec le conducteur. Elle peut être rendue active par l'utilisation de deux poussoirs placés aux extrémités du diamètre de la came, ou en traçant des courbes tangentes à la fois au

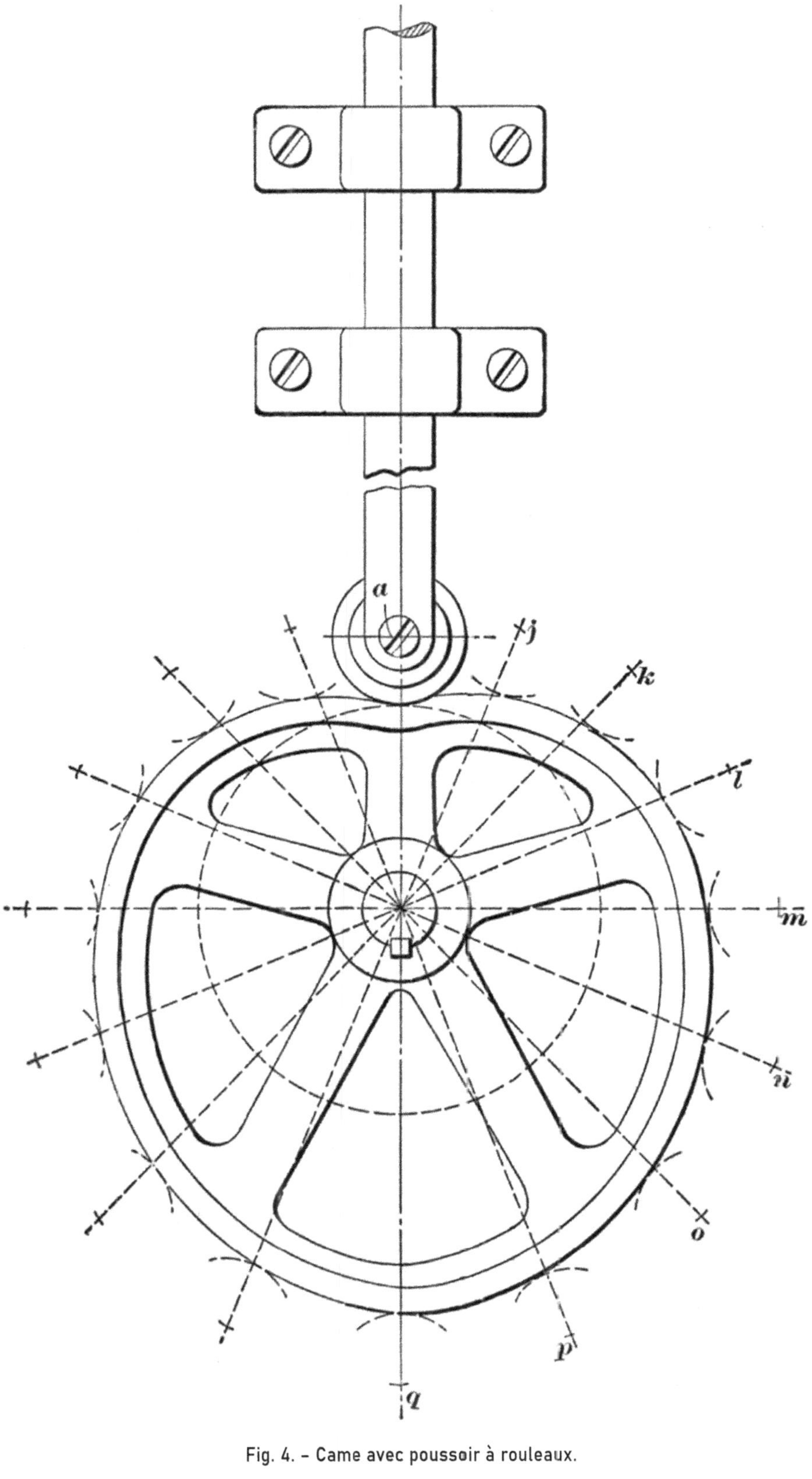

Fig. 4. – Came avec poussoir à rouleaux.

sommet et au bas du rouleau poussoir dans ses différentes positions, et les deux courbes prises comme limites d'une rainure découpée dans le métal. Une application courante de l'utilisation d'une came en forme de cœur peut être trouvée dans l'enrouleur de bobine de la machine à coudre domestique. Le fil est alimenté de manière uniforme, le poussoir de la came agissant comme guide pour le fil. L'action est rendue positive par l'emploi de deux rouleaux poussoirs.

Came à action positive pour mouvement variable du poussoir

La méthode de tracé d'une came à mouvement positif mentionnée ci-dessus est plus clairement montrée dans la fig. 5. Un mouvement variable est ici substitué au mouvement régulier de la came en forme de cœur.

Supposons qu'il soit nécessaire de tracer une came à mouvement positif qui donnera au poussoir les mouvements suivants ;

- une montée uniforme de 6,3 mm pendant le premier huitième de révolution ;
- aucune action pendant le huitième suivant ;
- une montée uniforme de 3,2 mm pendant le troisième huitième ;
- aucune action pendant le quatrième huitième ;
- une descente uniforme de 2,54 cm pendant les trois huitièmes suivants de la révolution ;
- aucune action pendant le dernier huitième.

L'action est montrée graphiquement dans la fig. 6. Supposons que A G représente une révolution complète de la came, B, le premier huitième, C, le deuxième, D, le troisième, E, le quatrième, et F, le septième. Le problème demande une montée uniforme de 6,3 mm pendant le premier huitième.

Par conséquent, à partir de B, tracez la perpendiculaire B H de 6,3 mm de longueur, et reliez A et H. Comme il ne doit y avoir aucune action pendant le deuxième huitième, tracez HI parallèle à B C, c'est-à-dire que le poussoir sera à la même distance de A G à I qu'il l'était à H, et donc le poussoir n'aura pas été actionné. Pendant le huitième de révolution suivant, le poussoir doit se déplacer de 1,9 cm. Comme il s'est déjà déplacé de 6 mm, la somme de ces deux distances est la

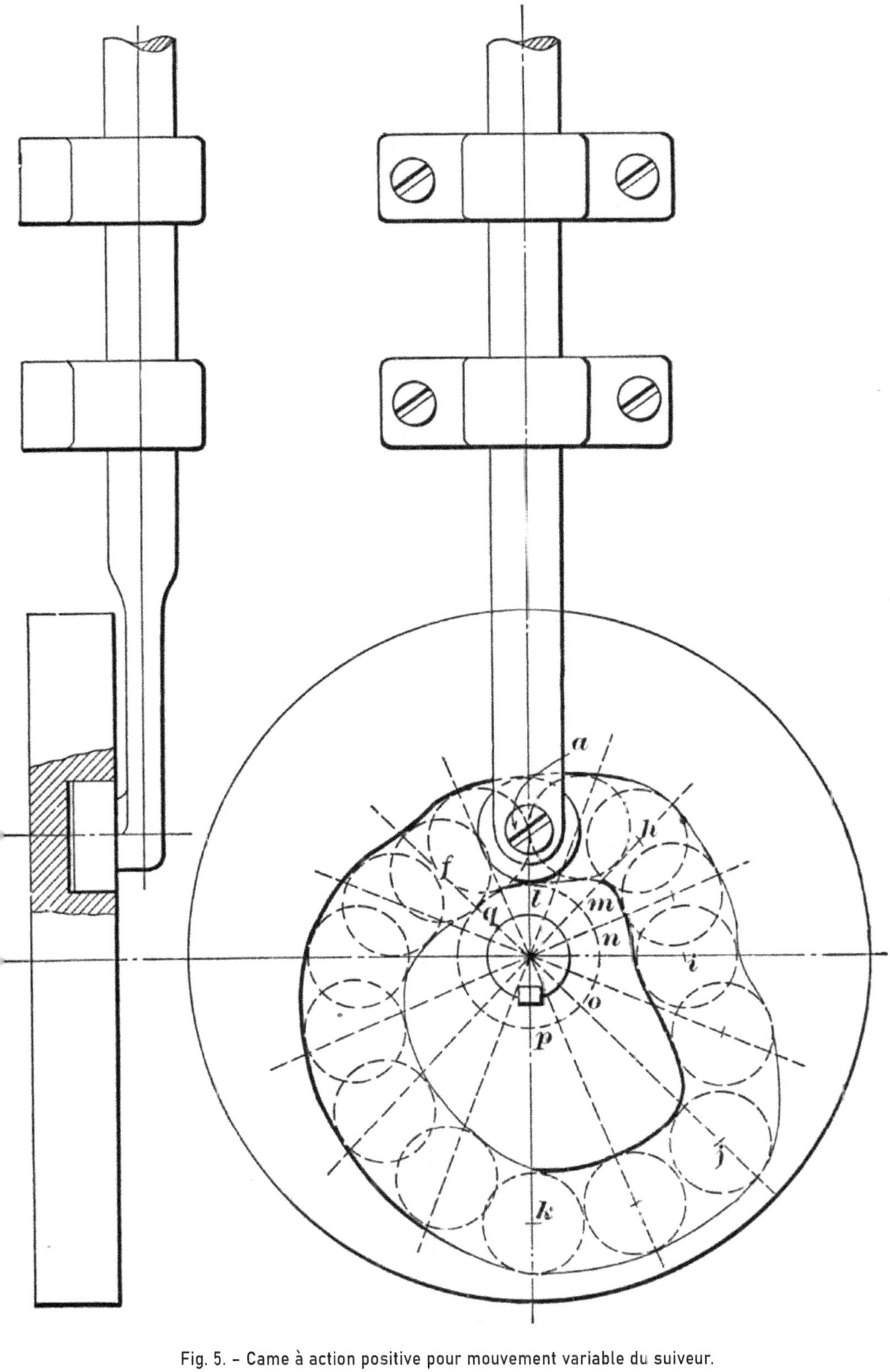

Fig. 5. – Came à action positive pour mouvement variable du suiveur.

longueur DJ. Comme cette montée doit être uniforme, une ligne droite est tracée reliant I et J. Aucune action pendant le quatrième huitième est montrée en traçant IK parallèle à D E.

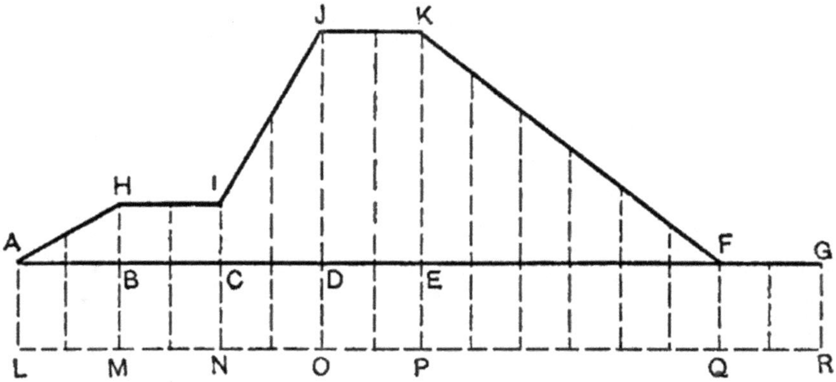

Fig. 6. - Diagramme du mouvement transmis au suiveur par la came de la figure 5.

Une chute uniforme de 2,54 cm pendant les trois huitièmes suivants de la révolution est montrée en reliant K et F, et la période de repos pendant le dernier huitième de révolution est montrée en F G. La ligne A L est égale au rayon du rouleau, et en traçant la ligne L R parallèle à A G, la distance du centre du rouleau par rapport au cercle de base peut être prise directement pour tout rayon de la came.

Pour tracer la came à partir du diagramme, tracez un cercle de base quelconque *l n p*, fig. 5, et divisez-le en autant de parties égales que celles dans lesquelles la ligne A G est divisée, c'est-à-dire seize. À travers ces points de division, tracez des rayons et prolongez-les indéfiniment. Sur ces rayons, prenez *l a* = LA, *m h* = MH, *n i* = N I, etc., déterminant ainsi les positions du centre du rouleau à divers intervalles. Esquissez le contour du rouleau dans ses différentes positions et tracez des courbes tangentes à ces contours.

Ligne d'action du poussoir excentrique avec l'axe de la came

Dans les cames précédemment considérées, la ligne d'action du poussoir passe par le centre de l'arbre de la came. Lorsque la ligne d'action du poussoir passe de chaque côté du centre de l'arbre de la came, comme dans la fig. 7, une méthode différente de tracé de la courbe de la came devient nécessaire.

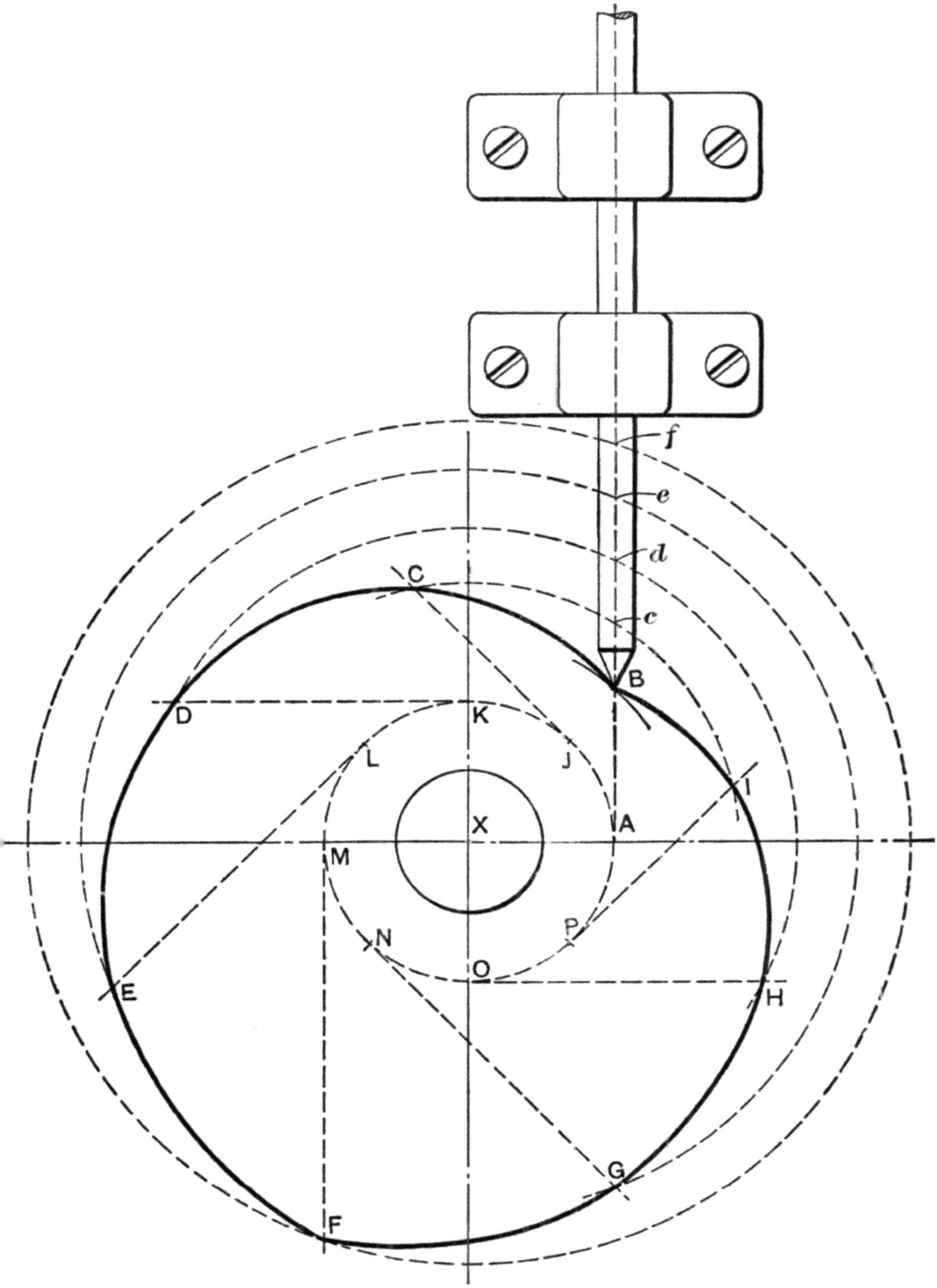

Fig. 7. – Came avec suiveur ayant une ligne d'action excentrée par rapport à l'axe de la came.

Supposons que les exigences et les conditions soient les mêmes que dans la fig. 2, sauf que la ligne d'action du poussoir doit être à un pouce à droite du centre de l'arbre de la came. Tracez la ligne indéfinie XA passant par le centre de l'arbre de la came. À un pouce à droite de X, tracez la ligne d'action A *f*, du poussoir, perpendiculaire à XA.

Supposons que B soit la position la plus basse que le poussoir doit assumer, et que *f* soit la plus haute. Divisez le déplacement, B *f* en un certain nombre de parties égales, comme à *c*, *d* et *e*. À travers A, décrivez un cercle avec X comme centre. Divisez ce cercle en deux fois le nombre de parties égales dans lesquelles B *f* est divisé. À partir de chacun de ces points J, K, L, etc., tracez des tangentes au cercle. Ensuite, avec X comme centre, décrivez des arcs à travers *c, d, e*, et *f*. Là où l'arc *c* coupe les tangentes des points J et P, comme à C et I, sont des points sur la courbe souhaitée. Là où l'arc à travers *d* coupe les tangentes de K et O, comme à D et H, sont également des points sur la courbe. Les points E, F et G sont obtenus de la même manière.

Cames avec poussoirs pivotés

Le problème de la fig. 2 peut être encore modifié, le poussoir pivotant au lieu d'agir en ligne droite. Dans ce cas, la ligne d'action devient l'arc d'un cercle. Les problèmes de cette nature peuvent être résolus en substituant à la ligne d'action droite montrée en *i q*, fig. 3, un arc qui représentera le chemin du poussoir. Cet arc d'action remplace tous les différents rayons de la fig. 3, et les points *b, c, d*, etc., servent de série de points initiaux à partir desquels balancer des arcs concentriques pour couper les différentes positions de l'arc d'action du poussoir. La méthode est analogue à celle de la fig. 3. Dans la fig. 29, cette méthode est appliquée à une came de mouvement non uniforme.

Cames et poussoirs ayant tous deux un mouvement variable

La rotation du conducteur a jusqu'à présent été considérée comme uniforme, et l'action du poussoir uniforme ou irrégulière. Un cas sera maintenant considéré où l'action du conducteur et celle du poussoir sont irrégulières. Dans la fig. 8, supposons que les divisions inégales dans lesquelles le cercle de base A J L est divisé par les points A, I, J, etc., représentent des espaces parcourus par le conducteur en périodes de temps égales. Ainsi, si le conducteur met une seconde pour tourner à travers l'arc A I, il mettra le même temps pour tourner à travers l'arc plus grand I J ou l'arc plus petit L M.

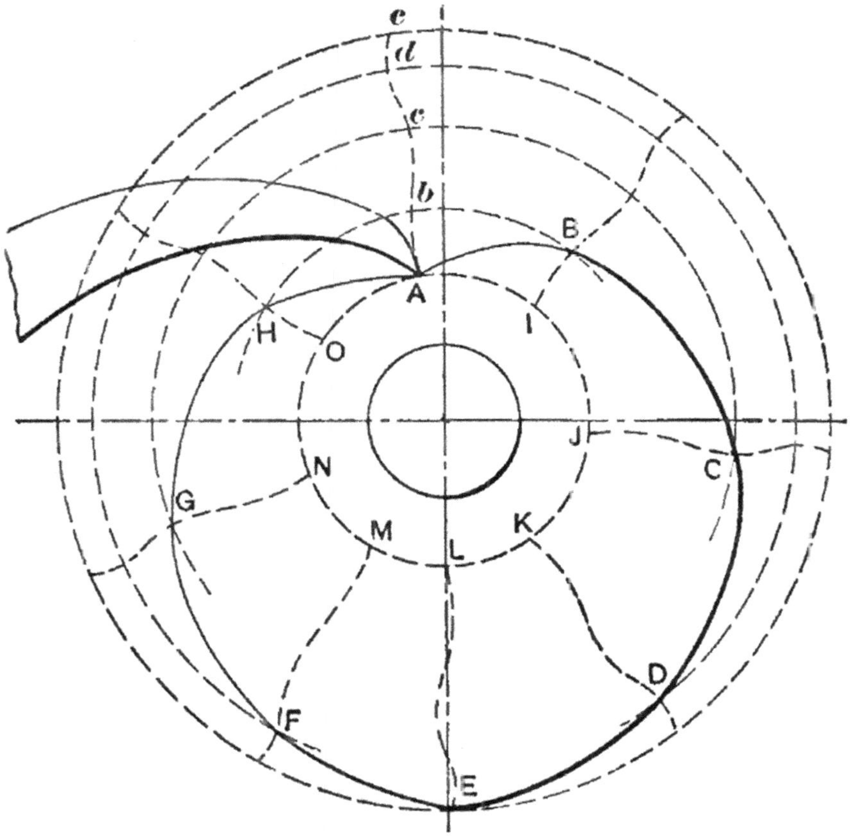

Fig. 8. - Came et suiveur ayant tous deux un mouvement variable.

De même, supposons que A *e* représente le chemin irrégulier du poussoir et les points *b*, *c*, *d*, et *e* sa position à certains intervalles de temps égaux, disons d'une seconde. Le nombre de divisions faites dans le chemin du poussoir devrait correspondre au nombre de divisions dans lesquelles une révolution du conducteur est divisée. Les points B, C, D, etc., de la courbe de la came peuvent être trouvés par la méthode des intersections expliquée dans la fig. 3. Ce problème est de nature générale et est universellement applicable aux problèmes impliquant un conducteur de disque et un poussoir autre qu'un poussoir à pied plat.

Le poussoir " à pied plat "

Un exemple familier d'un poussoir à pied plat est fourni par le mécanisme de levage et de balayage utilisé pour actionner les soupapes du moteur des bateaux à roues latérales. Le « levage » ou « balayage » est pivoté sur un arbre oscillant qui transmet le mouvement par un excentrique placé sur l'arbre de la roue à aubes.

Dans la fig. 9, supposons que l'arc à travers lequel l'arbre oscillant pivote soit égal à 90 ° (45° degrés de chaque côté de la verticale) et que le « doigt » monte et descende avec un mouvement uniforme sur 3,8 cm. Il est nécessaire de concevoir la face supérieure du levier pour donner le déplacement souhaité.

Divisez le déplacement, A I, en un certain nombre de parties égales, disons huit, et localisez le centre de l'arbre oscillant, comme X. Sur un morceau de papier-calque, dessinez un quadrant, *x h k*, fig. 10, *x k* étant égal à la moitié du déplacement de l'excentrique, disons 7,6 cm. Tracez

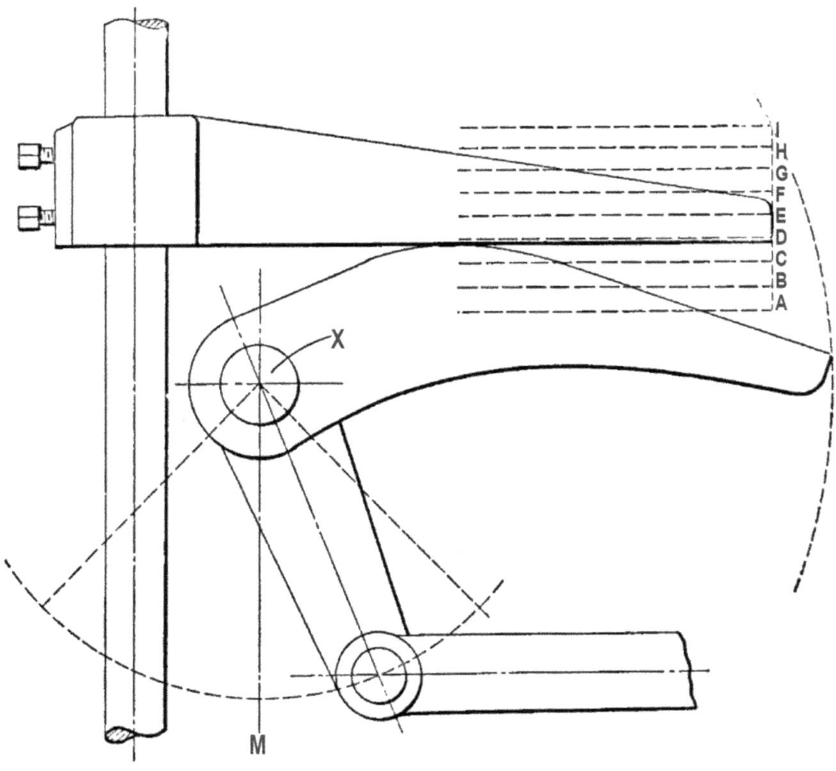

Fig. 9. - Came avec suiveur à pied plat.

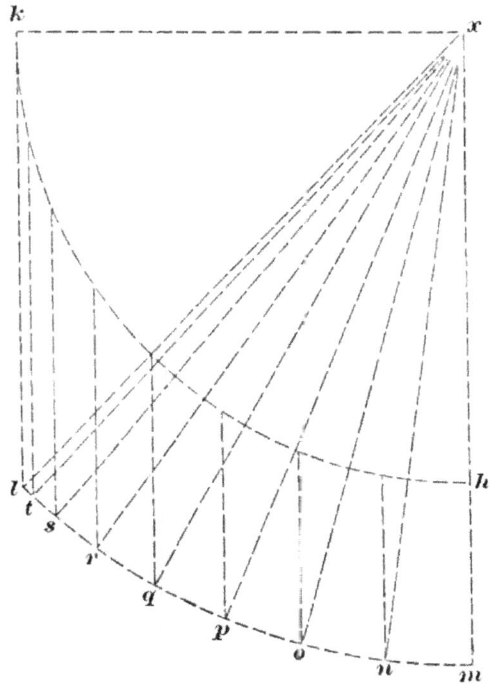

Fig. 10. - Disposition pour une came avec suiveur à pied plat.

x l à 45 degrés par rapport à *x h*, et *k l* à angle droit par rapport à *x k*. À travers le point d'intersection, *l*, et avec *x* comme centre, décrivez l'arc *l m*. L'arc *k h* représente alors un quart de révolution de l'excentrique, et l'arc *l m* le mouvement angulaire correspondant du levier de l'arbre oscillant.

Divisez l'arc *k h* en nombre identique de parties égales dans lesquelles le déplacement du doigt a été divisé, c'est-à-dire huit. À travers ces points de division, tracez des lignes parallèles à *x m*, coupant l'arc *m l* aux points *n*, *o*, *p*, etc. À partir de ces points, tracez des lignes radiales. Maintenant, pendant que l'excentrique se déplace à travers un quart de révolution avec un mouvement uniforme, comme montré par la division égale de l'arc *h k*, la ligne centrale du levier de l'arbre oscillant assumera les positions correspondantes montrées par les lignes radiales.

Placez le calque de la fig. 10 sur la fig. 9 de sorte que X et *x* coïncident, et que la ligne *x m* tombe sur la ligne X M. Ensuite, dessinez sur le papier-calque la position de la ligne A. Faites tourner le papier-calque autour de X jusqu'à ce que *x n* coïncide avec XM et dessinez la position de la ligne B. Faites à nouveau tourner autour de X jusqu'à ce que *x o* coïncide avec X M et dessinez la position de la ligne C. Continuez ce processus jusqu'à ce que les positions des lignes D, E, F, etc., soient localisées. Une courbe tracée tangentiellement aux lignes ainsi obtenues est la courbe de came requise. Cette dernière procédure n'est pas montrée dans les illustrations.

L'utilisation du papier-calque pour tracer des courbes de came, comme illustré ici, est applicable au tracé de diverses courbes de ce type. Le calque peut être positionné différemment pour le conducteur ou le poussoir, et leur relation peut être montrée à tout intervalle souhaité pendant leur action.

Dans les travaux concernant les courbes de came, certains facteurs de nature pratique doivent être pris en compte, dont l'un peut être mentionné ici, s'appliquant directement au problème du doigt et du levier. Ce facteur est l'adoucissement de l'action de la came pour éviter les secousses.

L'action, telle que dessinée dans la fig. 9, a un début et une fin trop brusques, et devrait être modifiée par une courbe d'adoucissement à ces points d'action. Dans toute action qui tend à être saccadée, un mouvement plus fluide peut être obtenu en modifiant légèrement la courbe au point problématique.

Cames à double contact

Dans les dessins de cames montrés jusqu'à présent, il n'y a eu qu'un seul point de contact entre le conducteur et le poussoir. Le mouvement positif est souvent obtenu en ayant deux points de contact. Les cames ayant deux points de contact sont soumises à certaines limitations. Par exemple, dans la fig. 11, si A et B sont deux points de contact du poussoir, et sont à une distance constante l'un de l'autre, et que la courbe A D B soit une courbe supposée de la moitié de la révolution de la came, la courbe de l'autre moitié de la révolution est limitée à une courbe complémentaire à A D B. C'est-à-dire que les distances C F, D G, et E H doivent être égales à la constante A B.

Si l'on souhaite avoir un mouvement indépendant tout au long de la révolution de la came, il sera nécessaire d'avoir deux cames placées l'une

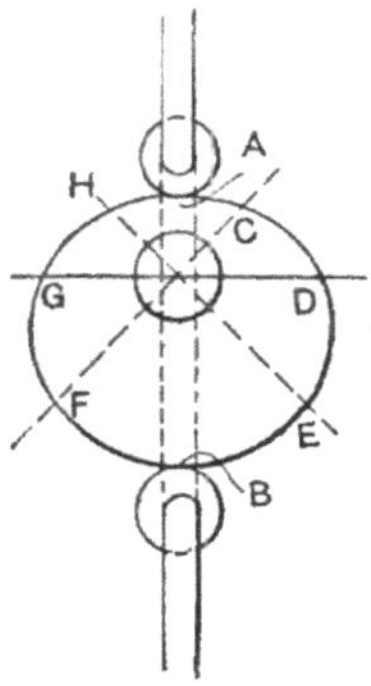

Fig. 11.

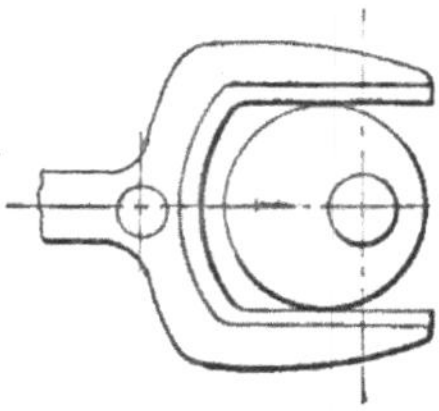

Fig. 12.

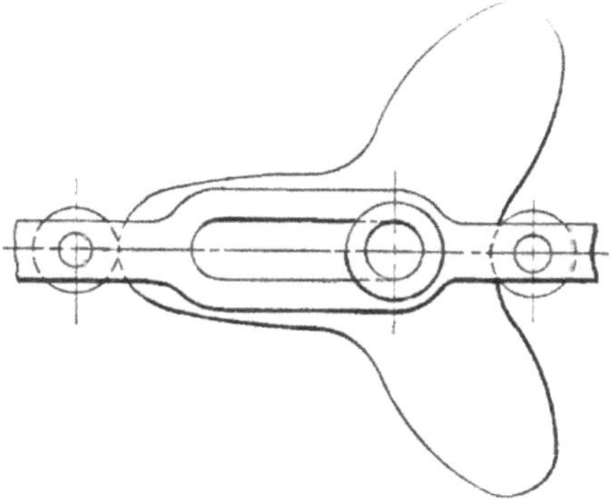

Fig. 13.

sur l'autre, un point de contact du poussoir portant sur la deuxième came. Dans ce cas, en supposant une courbe pour l'une des cames, l'autre came doit être complémentaire à la première, la distance constante entre les points de contact formant la base du calcul. Des formes de cames à double contact sont montrées dans les fig. 12 et 13. La fig. 12 est une came oscillante, et la fig. 13 est une came à trois lobes donnant trois mouvements alternatifs au poussoir pour chaque révolution du conducteur.

Cames cylindriques

La fig. 14 illustre une méthode pour tracer des cames cylindriques. Supposons que *g d a* soit le plan, et H *a'* le développement du cylindre montré en élévation en K A. Divisez le plan en un certain nombre de parties égales comme *a, b, c*, etc., et projetez ces points de division sur l'élévation frontale du cylindre comme les éléments A, B, C, etc. Sur la surface développée, ces éléments apparaissent comme *a', b', c'*, etc.

Sur le développement, tracez l'action souhaitée, comme dans les fig. 1 et 6, en évitant ou en adoucissant tous les angles vifs.

Supposons que *m l p* en soit le résultat. Cette courbe représentera alors le chemin du centre du poussoir. Supposons que L indique le centre du poussoir.

Ensuite, lorsque le cylindre est tourné autour de son axe, le point L se déplace d'avant en arrière sur une distance L I, avec un mouvement irrégulier dépendant de la forme de la courbe *m l p*. La projection de cette courbe sur l'élévation du cylindre est montrée à L *m*.

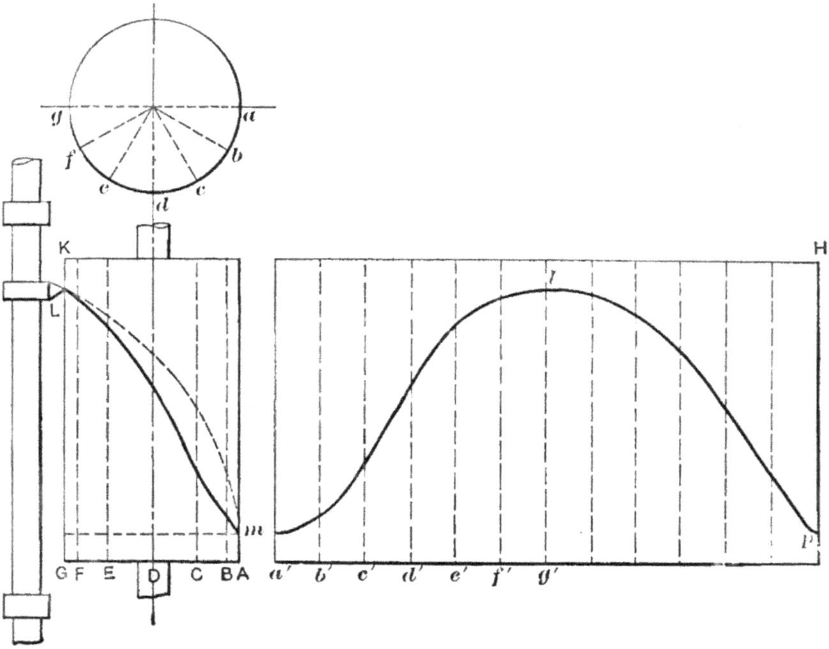

Fig. 14.- Schéma d'agencement d'une came cylindrique.

La forme du poussoir à rouleaux peut être soit cylindrique, soit conique ; la question de la forme du poussoir a été traitée plus complètement dans le chapitre V.

En traçant pratiquement la came, le contour de la rainure peut être dessiné par la méthode montrée dans la fig. 5, c'est-à-dire en dessinant des courbes tangentes aux différentes positions du rouleau puis, en enroulant le dessin autour du cylindre métallique vierge, un certain nombre de points de la rainure peuvent être localisés avec un poinçon sinon, le dessin peut être fait directement sur la surface du cylindre.

La méthode pour tracer une came conique est similaire en principe à celle pour tracer une came cylindrique, et est facilement déduite de cette dernière.

Tracer une came pour déplacer les courroies d'une raboteuse

Le problème suivant en conception de machines fait partie d'une série donnée aux étudiants en génie mécanique à l'Université Cornell. Il fournit un bon exemple de la méthode de raisonnement appliquée aux problèmes pratiques en mécanique, et est également un problème intéressant dans les mouvements de retour rapide.

Le problème consiste à concevoir un dispositif pour déplacer automatiquement les courroies d'une raboteuse. L'arbre moteur a une poulie fixe à large face portant deux courroies. L'arbre entraîné a deux ensembles de poulies, une lâche et une fixe. Un ensemble, plus petit que l'autre, est entraîné par une courroie croisée, et son arbre tourne donc dans une direction opposée à celle de l'arbre moteur. La plus grande poulie fixe entraîne la raboteuse pendant que l'outil coupe, et la plus petite poulie fixe provoque un retour rapide de l'outil lorsqu'aucun travail n'est effectué.

Le déplaceur doit être placé près des poulies entraînées afin de faire fonctionner chacune des courroies à son point d'approche de sa poulie, et de faire fonctionner chaque courroie séparément. Le déplaceur doit également être actionné automatiquement par le mouvement de va-et-vient du lit de la raboteuse, et être capable de réglage pour permettre la variation de l'élan de la machine sous différentes charges.

Dans la fig. 15, A et B sont les deux poulies folles de l'arbre mené, et C et D les poulies fixes. E est une came rainurée tournant autour de J, et possédant deux suiveurs à rouleaux F et G. H est une bielle entraînée par va-et-vient par un dispositif de déclenchement attaché au chariot de la raboteuse. L, le bras de déplacement pour les plus petites poulies, est un vilebrequin tournant autour de M comme centre, actionné par le suiveur F.

De manière similaire, le vilebrequin N tourne autour de O. Les pivots J, M et O sont portés par une plaque fixée à la raboteuse et non montrée dans le dessin. Les portions de la came à gauche de F et à droite de G sont des arcs de cercles ayant J comme centre, et donc, lorsque l'un ou l'autre des suiveurs parcourt ces arcs, il n'y a pas de mouvement des bras de déplacement. Le déplacement de l'un ou l'autre des bras est provoqué par son suiveur traversant le chemin irrégulier entre F et G.

Imaginons la bielle H tirée vers le bas. La came tourne alors vers la droite autour du centre J. Le suiveur F est maintenu fixe dans sa position par l'arc de la came à sa gauche, et donc le bras de déplacement L reste stationnaire. Le chemin du suiveur G passe cependant par la partie irrégulière de la came entre F et G, ce qui le fait tourner autour de O comme centre, déplaçant ainsi le bras N de la poulie folle B à la poulie

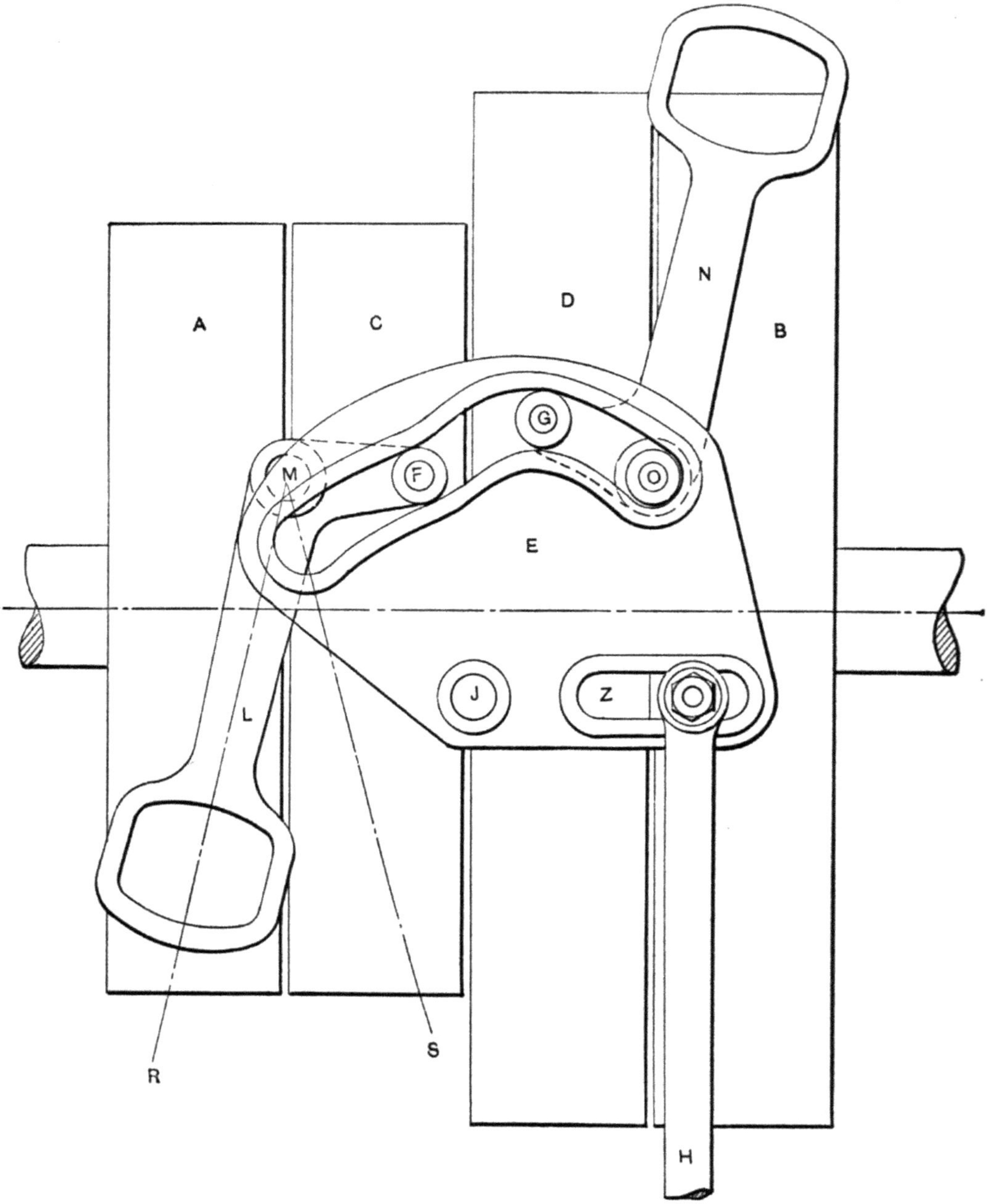

Fig. 15.- Agencement pour le déplacement automatique des courroies de raboteuse.

fixe D. Si la bielle H est actionnée dans la direction opposée à celle imaginée ci-dessus, le bras de déplacement L deviendra alors l'élément actif, et le bras de déplacement N restera inopérant.

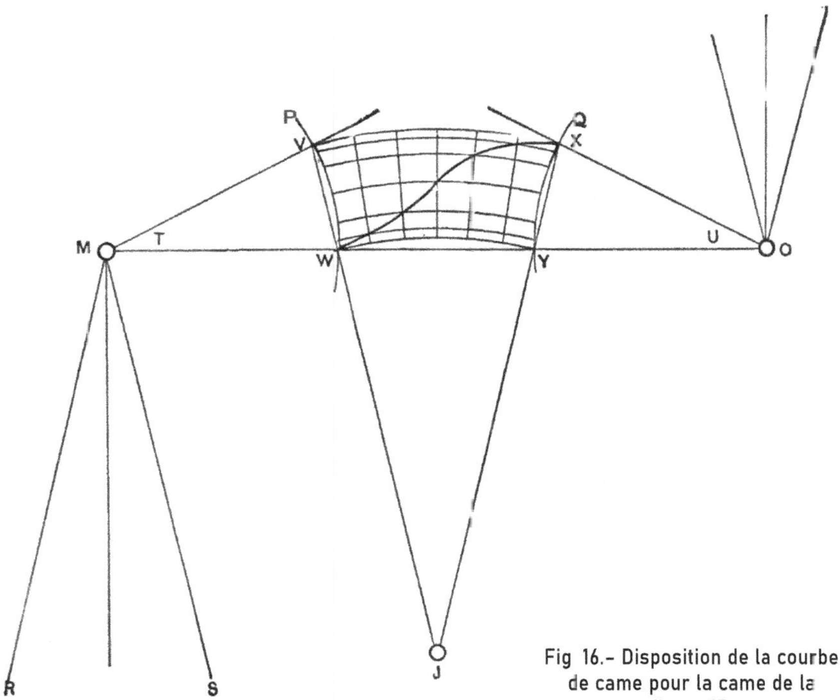

Fig 16.- Disposition de la courbe de came pour la came de la figure 15.

Une méthode pour déterminer le chemin irrégulier des centres des poussoirs F et G est montrée dans la fig. 16. Localisez d'abord les points M et O de la fig. 15, et tracez les arcs circulaires P et Q, les chemins des centres des poussoirs F et G. Ensuite, tracez R et S, les positions extrêmes de la ligne centrale du bras de décalage L. Faites des angles T et U égaux à l'angle formé par les lignes R et S. Divisez la ligne à travers V W en six parties proportionnelles à 1, 3, 5, 5, 3, 1, et à travers les points de division, tracez des arcs avec J comme centre. Divisez V X en six parties égales, et tracez en travers des lignes radiales. Les intersections successives des arcs circulaires et des lignes radiales déterminent les chemins des poussoirs F et G, comme WX. Les lignes tracées tangentiellement aux positions successives d'un poussoir le long de la ligne WX seront le contour de la fente de la came à sa partie irrégulière. La fente Z, fig. 15, permet le réglage du lien comme indiqué dans les conditions du problème. Le centre de l'ouverture pour la courroie dans le bras de décalage L est placé plus près de la ligne centrale de l'arbre pour tenir compte de l'angularité de la courroie croisée.

Tracer une came à mouvement intermittent avec poussoir pivoté

La came à tracer est montrée dans la fig. 17. Elle tourne vers la gauche et déplace un rouleau A de 2,5 cm qui contrôle le levier B pivotant sur le goujon C. La came doit être clavetée à un arbre, avec plusieurs autres cames, dans lesquelles la rainure de clavette est au début du cycle. Les exigences qui suivent sont sélectionnées pour illustrer aussi simplement que possible la méthode employée. La tête du levier B, qui mesure 31,4 cm de long, doit rester au repos jusqu'à ce que la came ait tourné de 150 degrés à partir du point zéro ou du début du cycle ; elle doit ensuite avancer de 3,8 cm en 43 degrés ; puis elle restera immobile pendant 35 degrés de plus et enfin, elle reculera de 3,8 cm en 92 degrés, après quoi elle restera immobile pour le reste du cycle. Dans la fig. 17, on voit que le rouleau A est situé à un tiers de la distance entre le pivot du levier et sa tête. Par conséquent, un mouvement de 1,3 cm est nécessaire pour le rouleau dans la came pour déplacer la tête du levier de 3,8 cm.

Nous allons maintenant commencer le tracé. Dessinez d'abord la circonférence de la came ; nous ferons son diamètre de 25,5 cm. Avec la rainure de clavette sur le diamètre vertical, tracez une ligne à travers son centre. Avec cette ligne comme zéro, divisez la circonférence en sections de 30 degrés, comme montré, et numérotez-les.

Maintenant, tracez le cercle D avec un rayon de 10,6 cm, pour montrer la position extérieure extrême du centre du rouleau, et le cercle E avec un rayon de 9,37 cm, pour montrer la position intérieure extrême du centre du rouleau. Ensuite, avec le centre de la came comme centre, tracez le cercle F, de sorte qu'il passe par le centre du goujon C. En commençant par le centre du goujon C comme zéro, divisez ce cercle en sections et numérotez-les, comme montré, pour chaque 60 degrés. De telles subdivisions supplémentaires peuvent être faites plus tard si nécessaire.

Procédez maintenant avec soin pour placer l'aiguille d'une paire de bons compas au centre du rouleau A, et ajustez-les de manière que la pointe du crayon passe par le centre du goujon C. Nous appellerons ce

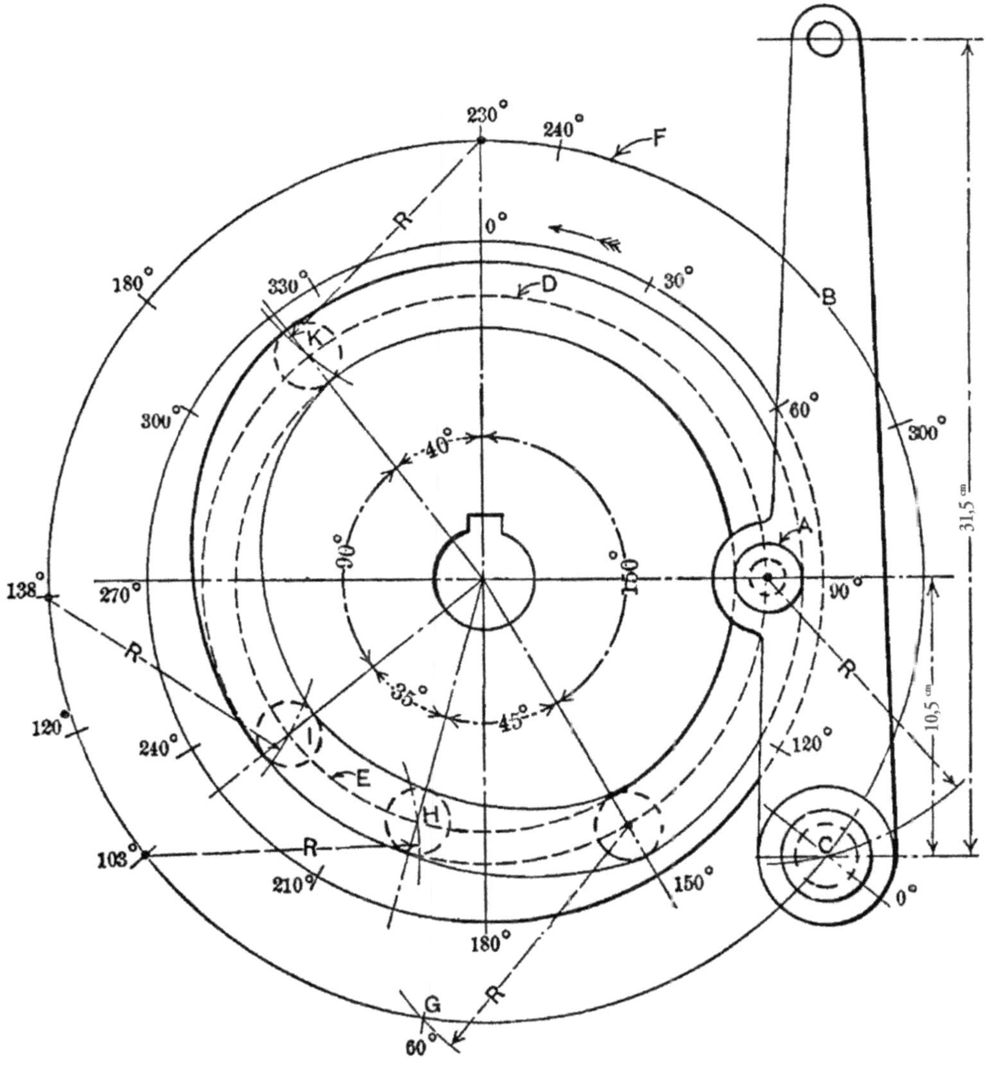

Fig. 17.- Schéma d'agencement d'une came à mouvement intermittent et suiveur articulé

rayon R. Maintenant, en gardant à l'esprit les exigences énoncées ci-dessus, l'une étant que la came doit tourner de 150 degrés à partir de son zéro avant que le rouleau ne bouge, placez l'extrémité des compas à 150 degrés sur le cercle D.

En tenant l'aiguille ici, avec le rayon R, tracez un arc coupant le cercle du goujon F au point G. On voit que le point d'intersection est à 60 degrés sur le cercle F. Maintenant, placez la pointe de l'aiguille 43 degrés plus loin sur le cercle du goujon, soit à 103 degrés, et avec le rayon R, tracez un arc coupant le cercle E au point H. Le point H marque l'arrêt de l'avance du rouleau et le début de son repos.

Déplacez maintenant l'aiguille 35 degrés plus loin sur le cercle du goujon jusqu'à 138 degrés, et avec le rayon R, tracez un autre arc coupant le cercle E au point I. Ce point marque la fin du repos et le début du recul. Déplacez maintenant l'aiguille 92 degrés plus loin sur le cercle du goujon jusqu'à 230 degrés et avec le rayon R, tracez un arc coupant le cercle D au point K. Ce point marque la fin du recul et le début du repos pour le reste du cycle.

Les points H, I et K étant marqués, tracez des rayons à travers eux s'étendant jusqu'à la circonférence du cercle de la came.

Sachant que le rouleau commence à avancer à 150 degrés sur la came, l'avance continue pendant 45 degrés. Le rouleau reste ensuite immobile pendant 35 degrés et recule de 90 degrés, après quoi il reste immobile jusqu'à ce que la prochaine avance commence. Il est normal que ces chiffres ne correspondent pas aux chiffres du mouvement du levier indiqués ci-dessus. À l'exception de possibles légères erreurs dans le tracé, ils sont corrects pour la came. Le rayon de la paroi intérieure de la piste ou de la rainure est, bien sûr, 1,3 cm de moins que celui du chemin du centre de la came.

Ainsi, le rayon de la paroi intérieure du repos extérieur est de 9,37 cm, et celui du repos intérieur est de 8,10 cm. Cette paroi intérieure est la contrepartie de la came maîtresse qui sera utilisée pour couper la rainure de la came.

Chapitre II

Courbes de cames

Lorsque la courbe d'une came n'est pas déterminée par un mouvement défini du poussoir, et que la condition présentée au concepteur est simplement de faire bouger le poussoir sur une distance donnée pendant un angle de mouvement donné de l'arbre de la came, la facilité et le silence avec lesquels la came fonctionne dépendent du caractère de la courbe utilisée pour tracer l'avance et le retour. La courbe de mouvement uniforme, la plus simple de toutes les courbes à tracer, est une courbe de travail difficile, et une courbe qui ne peut pas être utilisée à grande vitesse sans un choc perceptible au début et à la fin de la course.

Courbe de mouvement uniforme

La courbe de mouvement uniforme serait représentée dans un diagramme par la diagonale du rectangle dont la base représente l'angle de mouvement, et l'altitude, la course de la came, comme montré par les lignes pleines dans la fig. 18.

Cependant, si la nature de la conception exige un mouvement uniforme pour une partie donnée de la révolution de l'arbre de la came, le choc au début et à la fin de la course peut être modifié en augmentant à la fois l'angle de mouvement et la course et, dans le diagramme, en remplissant des arcs de cercles comme montré par les lignes pointillées dans la fig. 18. La quantité de courbure aux extrémités de la course dépend de combien il est possible d'augmenter l'angle de mouvement,

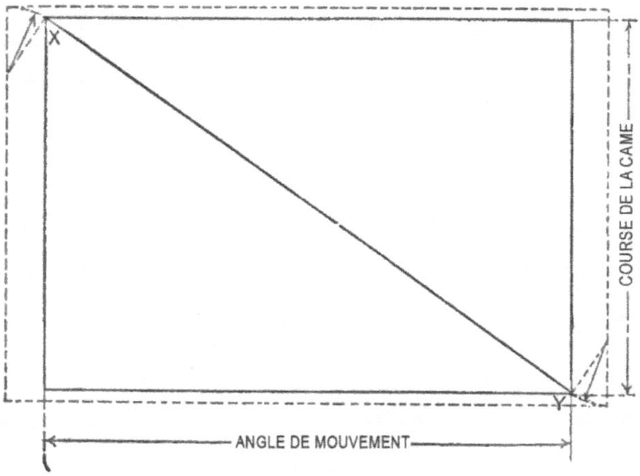

Fig. 18.- Courbe de mouvement uniforme.

et les centres des arcs sont déterminés en traçant des perpendiculaires à X Y comme montré dans la fig. 18. Il sera remarqué que le mouvement uniforme a été maintenu pour l'angle original, les modifications aux extrémités causant l'augmentation de l'angle de mouvement et de la course, le rectangle formé par ces deux étant montré par des lignes pointillées.

Même avec ces modifications, la came est toujours susceptible de travailler dur, surtout si l'angle de mouvement est petit.

Courbe de mouvement harmonique

La courbe de mouvement harmonique fonctionne beaucoup plus facilement que la courbe uniforme, et une came conçue avec ce mouvement peut fonctionner à grande vitesse sans beaucoup de chocs

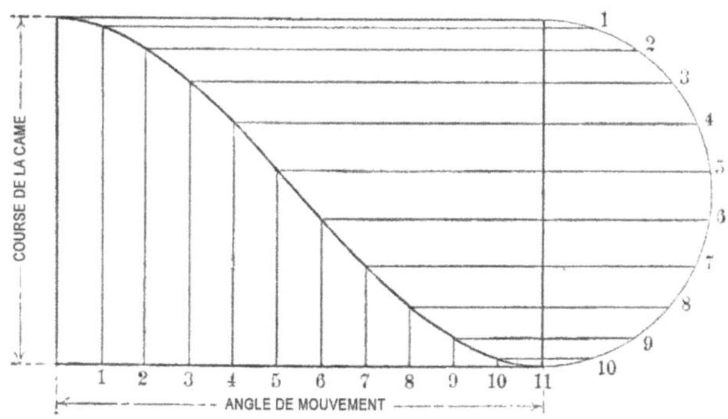

Fig. 19.- Courbe de mouvement harmonique type vilebrequin.

ou de bruit. Pour dessiner un diagramme de cette courbe, dessinez un demi-cercle ayant un diamètre égal à la course de la came, et divisez ce demi-cercle et la ligne représentant l'angle de mouvement en un même nombre de parties égales. L'intersection des lignes tracées à partir de ces divisions donnera des points sur la courbe.

La fig. 19 montre la courbe harmonique et la manière dont elle est obtenue.

Courbe de gravité

Probablement la courbe de came la plus facile à utiliser est celle connue sous le nom de courbe de gravité. Cette courbe a une accélération ou une décélération constante, ayant le même rapport à la vitesse que l'accélération ou la décélération produite par la gravité, d'où son nom.

Un corps tombe à environ 4,8 m à la seconde (plus précisément 4,9 m). Pendant la seconde suivante, le corps augmentera sa vitesse d'environ 9,8 m, ce qui fait que la distance parcourue pendant la deuxième seconde est de 14,6 m ; pendant chaque seconde suivante, le corps ira à la vitesse de 9,7 m.

En utilisant 4,9 m comme unité de mesure, on verra qu'un corps parcourrait des unités de 1, 3, 5, 7, 9, etc., pendant des secondes successives ou des unités de temps.

Pour appliquer ce mouvement à la courbe de la came, nous pourrions diviser l'angle de mouvement en un certain nombre de parties égales et, en utilisant les unités données ci-dessus, nous pourrions augmenter la vitesse jusqu'à un maximum donné puis, en ralentissant avec le même rapport, ramener le poussoir à nouveau au repos à l'autre extrémité de la course.

Dans le diagramme, fig. 20, la ligne représentant l'angle de mouvement est divisée en onze parties égales, ce qui nécessite onze divisions sur la ligne représentant la course de la came. Si le mouvement pour la première partie de la course doit avoir une accélération constante, comme mentionné ci-dessus, la distance parcourue par le poussoir pendant la première partie de l'angle de mouvement serait d'une unité, dans la deuxième partie, trois unités, dans la troisième partie, cinq unités, et ainsi de suite jusqu'à ce que la vitesse maximale soit atteinte, ce qui serait pendant la sixième partie de l'angle de mouvement lorsque le poussoir parcourrait onze unités de mouvement.

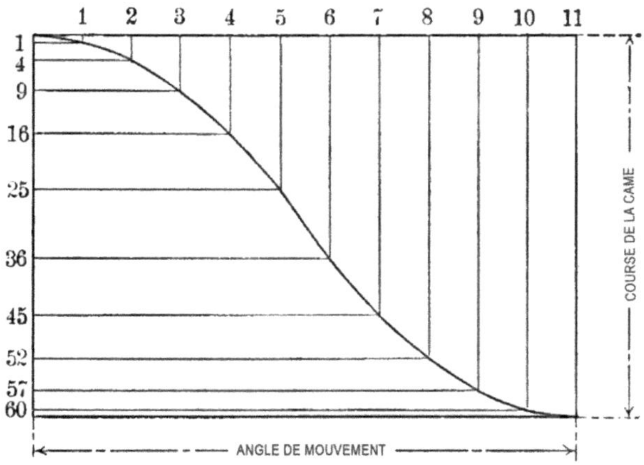

Fig. 20.- Courbe de mouvement sous l'effet de la gravité.

Numéro de période	Distance parcourue par le suiveur pendant une période	Distance totale parcourue depuis le début du mouvement
1	1	1
2	3	4
3	5	9
4	7	16
5	9	25
6	11	36
7	9	45
8	7	52
9	5	57
10	3	60
11	1	61

À ce point, le mouvement commencerait à être ralenti par une déduction constante qui ferait que le poussoir se déplacerait de neuf unités pendant le septième intervalle de temps, sept unités pendant le huitième, cinq unités pendant le neuvième, trois unités pendant le dixième, et une unité pendant le onzième et dernier intervalle.

La somme de ces unités est de soixante et un, ce qui nécessitera de diviser la ligne représentant la course de la came en soixante et une parties égales dont la première, la quatrième, la neuvième, la seizième, la vingt-cinquième, la trente-sixième, la quarante-cinquième, la cinquante-deuxième, la cinquante-septième, la soixantième et la soixante et unième seront utilisées pour déterminer les points sur la courbe. La combinaison du tableau donné et du diagramme montré dans la fig. 20 montrera comment la courbe de gravité peut être tracée.

Approximation de la courbe de gravité

Une approximation très proche et satisfaisante de la courbe de gravité, et qui nécessite moins de travail que la théorie, est montrée dans la fig. 21.

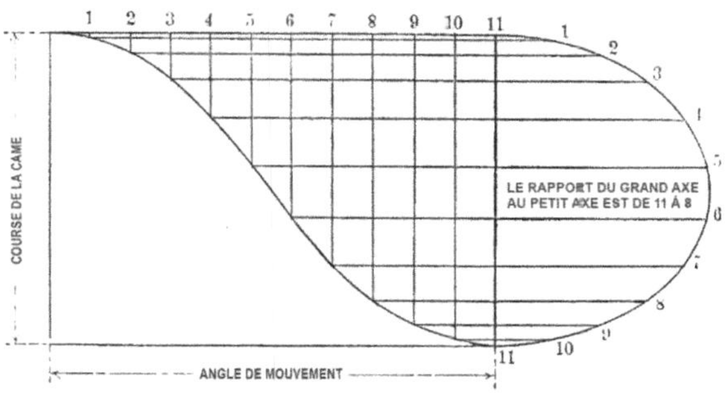

Fig. 21.- Courbe de gravité approximative.

La méthode de dessin est similaire à celle utilisée pour le mouvement harmonique, sauf qu'une ellipse remplace le demi-cercle. On peut voir très facilement que le rapport des axes majeur et mineur déterminera le caractère de la courbe de la came. Pour obtenir une courbe qui approchera la courbe de gravité, la ligne représentant la course de la came doit être utilisée comme axe mineur et le rapport de l'axe majeur à l'axe mineur doit être de 1,375 à 1 ou 11 à 8. En divisant la semi-ellipse et la ligne de l'angle de mouvement en le même nombre de parties égales, et en projetant, nous obtenons des points sur la courbe.

La fig. 22 est donnée afin qu'une comparaison puisse être faite des trois mouvements donnés ci-dessus lorsqu'ils sont appliqués à la même came.

Disposition des cames pour des mouvements rapides

Comme mentionné dans le chapitre I, nous pouvons considérer un mécanisme de came comme étant composé de deux éléments. Habituellement, l'un des éléments est un cylindre, un cône ou une

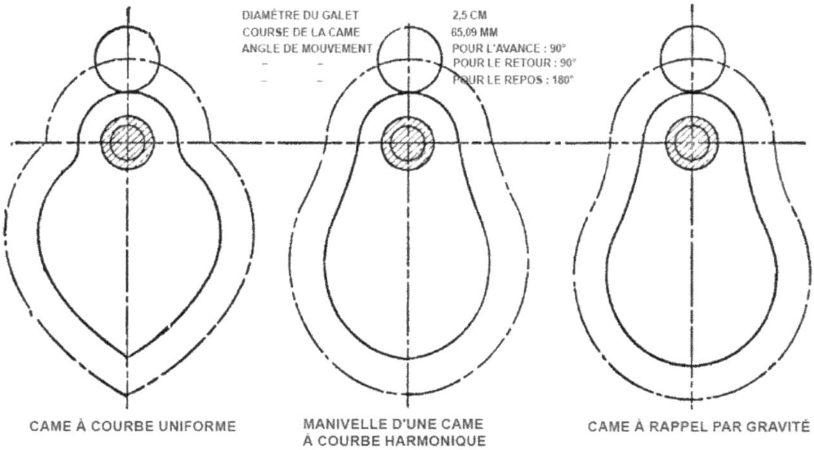

Fig. 22.- Comparaison des différents types de cames

sphère de plaque tournante, l'autre élément est une barre ou un rouleau qui a une forme de mouvement alternatif. La pièce tournante est généralement le conducteur, bien que le mécanisme puisse être conçu pour fonctionner dans l'ordre inverse. La forme d'une came dépendra du type de mouvement que le poussoir est censé avoir.

Le mouvement des cames utilisées pour entraîner des parties de machines peut être, comme nous l'avons déjà vu, de trois types, à savoir :

1°. Mouvement uniforme, dans lequel le poussoir est amené à parcourir des espaces égaux dans des intervalles de temps égaux.

2°. Mouvement harmonique simple, dans lequel le poussoir est accéléré du repos à une vitesse maximale, puis ralenti à nouveau à un état de repos, suivant le cycle harmonique.

3°. Mouvement uniformément accéléré, dans lequel le poussoir est accéléré du repos à une vitesse maximale, puis ralenti à nouveau jusqu'au repos, l'accélération étant uniforme, par exemple, 2,5 cm par seconde, 5 cm par seconde, etc. À cela, nous pouvons ajouter un quatrième type fréquemment rencontré :

4°. Mouvement intermittent, les périodes de mouvement étant interrompues par des périodes de repos.

Dans les machines à mouvement lent, il n'est pas important que le poussoir se déplace avec un mouvement uniforme, harmonique simple ou uniformément accéléré, mais dans les machines où les cames ont une vitesse de rotation élevée et le poussoir un mouvement alternatif, comme dans le cas des machines à coudre et dans certaines machines textiles, un taux de mouvement uniforme sera insatisfaisant ou impossible. La raison en est que le poussoir est poussé du repos à sa vitesse maximale instantanément, et également ramené au repos à partir d'une vitesse maximale instantanément. Cela lui donne un coup soudain à chaque extrémité du mouvement, ce qui est très éprouvant pour une machine lorsque les inversions se produisent rapidement.

Les cames pour des vitesses de rotation élevées, où le poussoir a un mouvement alternatif, doivent donc être conçues de manière que le poussoir commence progressivement, atteigne sa vitesse maximale à la moitié de son parcours, puis revienne progressivement au repos. En d'autres termes, le poussoir doit avoir un mouvement uniformément accéléré pendant la première moitié de son mouvement, et un mouvement uniformément ralenti pendant la dernière moitié.

Dans un mouvement uniformément accéléré, $S = ½ Pt^2$, où S est la distance parcourue, P l'accélération, et t le temps. Cela revient à dire que la distance parcourue par le corps à la fin de n'importe quel nombre d'unités de temps varie comme le carré du nombre de ces unités.

Par exemple, si un corps a une accélération uniforme de 5,08 cm par seconde, $S = ½ \times (5{,}08) \times (1)^2 = 2{,}54$ cm pour la première seconde ; $S = ½ \times (5{,}08) \times (2)^2 = 10{,}16$ cm pour la seconde suivante et ainsi de suite. Comme mentionné précédemment, c'est également la loi des corps en chute libre dont le mouvement n'est pas freiné par l'air ou un autre milieu. Le mouvement uniformément ralenti obéit à la même loi. Si les intervalles de temps d'un tel mouvement sont tracés comme abscisses et les intervalles d'espace correspondants comme ordonnées, par rapport aux axes de coordonnées, la courbe résultante sera une parabole, et c'est la courbe qui devrait être utilisée pour le contour des cames conçues pour des vitesses de rotation élevées.

Came cylindrique à mouvement uniforme

Les cames montrées dans les illustrations suivantes ne représentent pas nécessairement des formes existantes ; elles illustrent simplement comment le principe peut être appliqué à certaines formes de cames et de chemins de poussoirs.

Dans la fig. 23, tracez sur une feuille de papier A B D C une ligne construite comme suit : Bissectez C D en M et divisez C M en un nombre quelconque de parties, disons cinq. Tracez sur C A une distance S T, et divisez cette distance en autant de parties que CM. À partir des points 1, 2, 3, etc., sur CM, dressez des perpendiculaires à CM, et à travers les points 1_1, 2_2, 3_3, etc., sur CA, tracez des parallèles à CM coupant les perpendiculaires aux points 1_1, 2_2, 3_3, etc. Une ligne ST_1 tracée sur ces intersections sera droite. La ligne T_1 S_1 peut être trouvée de la même manière.

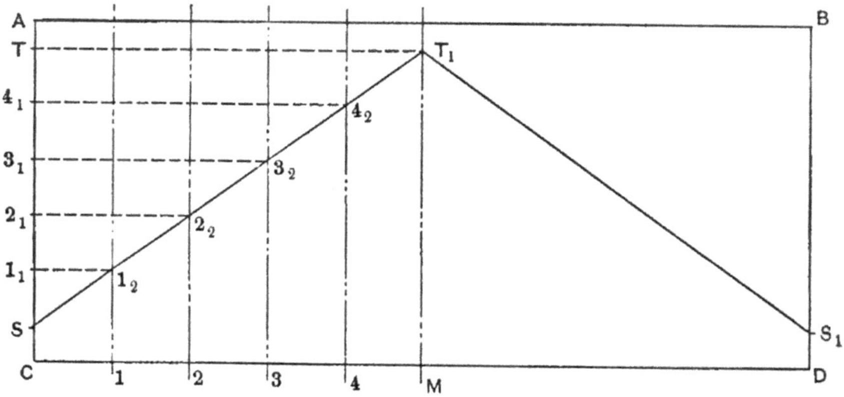

Fig. 23.- Développement de la courbe de mouvement uniforme.

Maintenant, si la feuille de papier A B D C est enroulée autour de l'extérieur d'un cylindre dont la circonférence est égale à la distance C D, la ligne ST_1 prendra la position S T, fig. 24, et la ligne T_1 S_1 formera une courbe similaire sur le côté opposé du cylindre. Si cette courbe est faite comme ligne centrale d'une rainure, lorsque le cylindre tourne sur son axe, la rainure entraînera un poussoir de haut en bas, parallèlement aux éléments du cylindre, à une vitesse uniforme. Le poussoir commencera et s'arrêtera à chaque extrémité de son mouvement avec un coup soudain.

Came cylindrique à mouvement uniformément accéléré

Dans la fig. 26, laissez A B D C représenter le papier comme précédemment. Bissectez C M en 3, et S T en 9. Divisez C3 et 3M en un nombre quelconque de parties, disons trois puis divisez S9 et 9T en neuf parties égales, comme illustré. Dressez des perpendiculaires à CM aux points 1, 2, 3, etc., et tracez des parallèles à CM à travers les points 1, 4, 9, 4_1, et 1_1. À travers les points S et T_1, et les intersections 1_1, 2_1, 3_1, $2'_1$ et $1'_1$, tracez une courbe lisse. Cette ligne sera une courbe parabolique, inversée à 3_1. La courbe T_1S_1 est construite de la même manière.

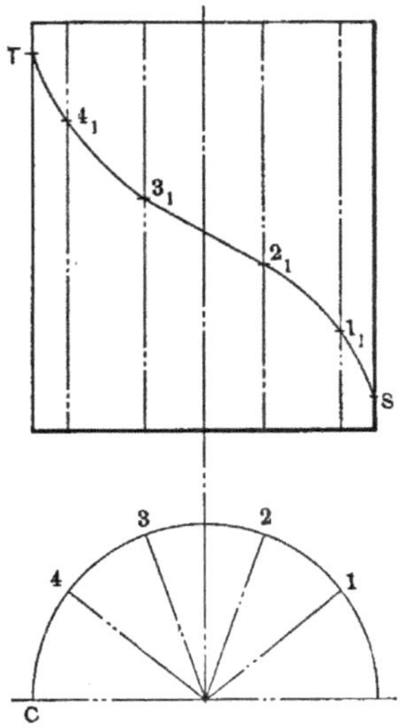

Fig. 24- Courbe de mouvement uniforme tracée sur une surface cylindrique.

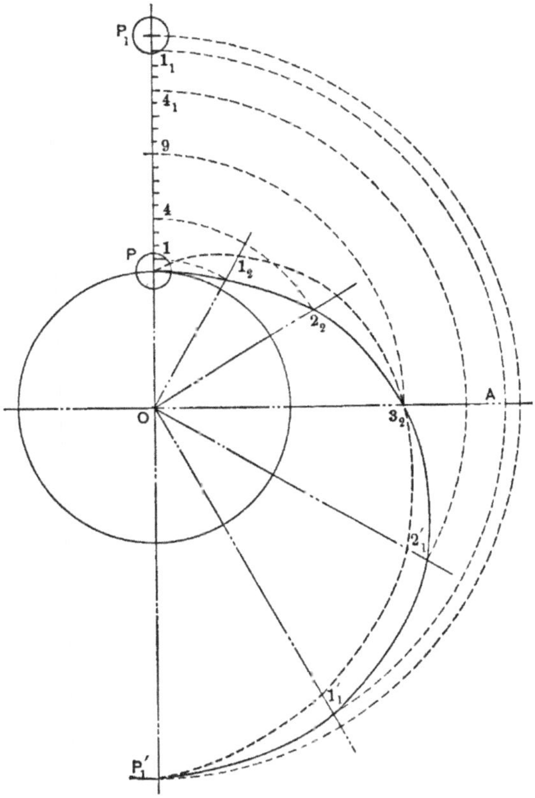

Fig. 25- Courbe de mouvement accéléré ou de gravité appliquée à une came plat

Maintenant, enroulez la feuille de papier A B DC autour d'un cylindre dont la circonférence est égale à C D. La courbe prendra la position ST_1, fig. 27, et la courbe T_1S_1 prendra une position similaire sur le côté opposé du cylindre.

Une rainure faite avec ces courbes comme lignes centrales entraînera un poussoir P de haut en bas à travers la distance E, lorsque le cylindre tournera sur son axe. Le poussoir commencera progressivement à S, atteindra sa vitesse maximale, puis reviendra progressivement au repos à

T_1, le mouvement étant uniformément accéléré et ralenti. Les côtés de la rainure sont faits parallèles à ST_1 et dessinés pour convenir au diamètre du poussoir P.

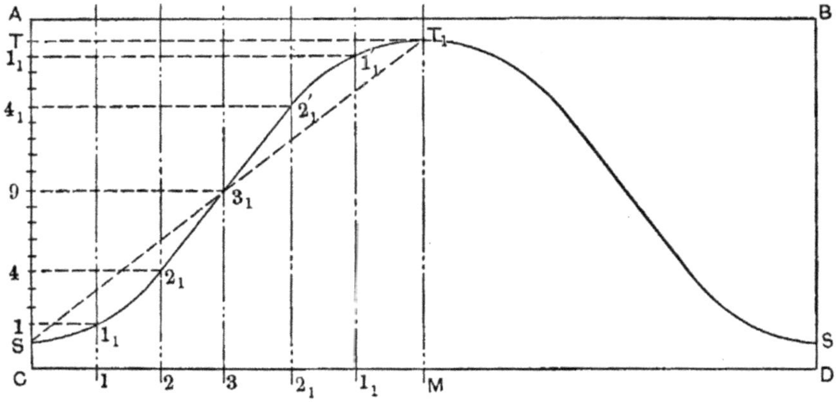

Fig. 26.- Développement de la courbe de mouvement uniformément accéléré.

La fig. 28 montre la distorsion de la courbe S T lorsque le poussoir se déplace dans l'arc d'un cercle, avec un centre à un certain point Q, au lieu d'une ligne droite. Les points sur la nouvelle courbe sont trouvés en décalant les intersections b_1, d_1, etc., les ordonnées *a b* et *c d*. La

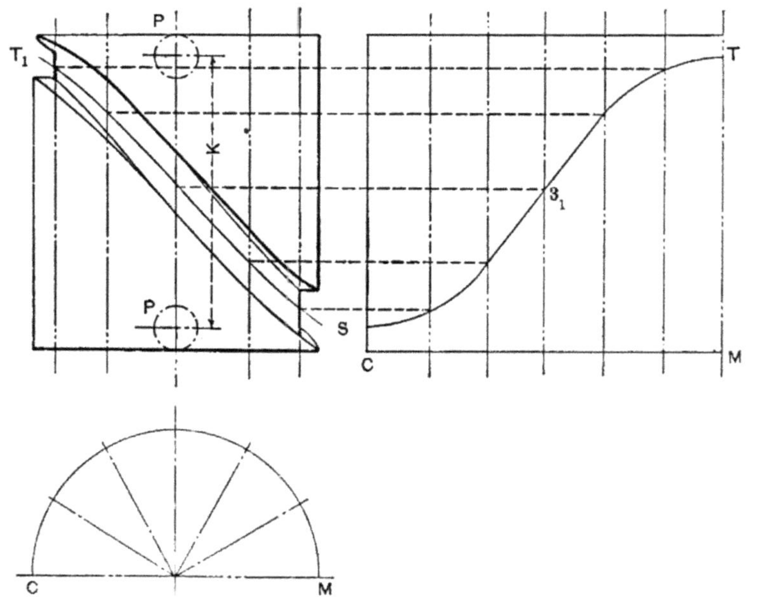

Fig. 27.- Transfert de la courbe de mouvement uniformément accéléré sur un cylindre.

courbe Sa_1c_1T devient alors la ligne centrale d'une rainure qui entraînera le poussoir articulé avec la même variation de vitesse atteinte par le poussoir dans la fig. 27.

Came à plaque à mouvement accéléré

La fig. 25 montre comment la courbe parabolique est appliquée à une came à plateau. Le poussoir à rouleaux est censé osciller entre P et P_1 lorsque la came tourne autour de O. La courbe $P3_2P'_1$ correspond à ST_1 sur la fig. 27, étant la ligne centrale de la rainure parabolique sur la face de la plaque.

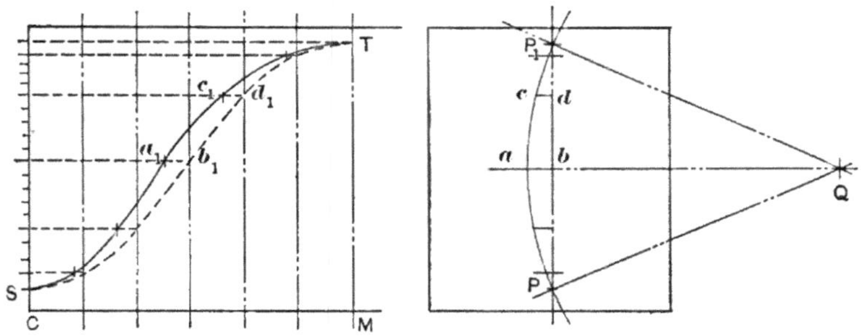

Fig. 28.- Courbe de mouvement accéléré, lorsque le suiveur se déplace selon un arc de cercle

Seule la moitié de la came est montrée sur la figure. Supposons que cette came doive tourner de 180 degrés, tandis que le poussoir se déplace de P à P_1.

Tracez le cercle de base avec un rayon OP, dont la longueur dépendra de la taille de la came. Tracez OA perpendiculaire à OP, et divisez l'arc sous-tendu par POA en un nombre quelconque de parties, disons trois. Tracez des rayons $O1_2$, $O2_2$, etc. Divisez PP_1 en deux parties égales à 9, et divisez P9 en trois parties égales, soit 9, comme montré. Avec O comme centre, et O1 comme rayon, trouvez l'intersection 1_2. De la même manière, trouvez les autres intersections 2_2, 3_2, etc., et tracez une courbe lisse à travers ces points. Cette courbe a la même relation avec la courbe de mouvement uniforme montrée en pointillé, que la courbe parabolique a avec la ligne droite dans la fig. 26.

Si une courbe similaire est tracée de l'autre côté de PP'_1, et fait la ligne centrale d'une rainure, alors le poussoir P sera poussé de haut en bas mécaniquement par contact direct. Si une courbe parallèle à $P3_2P'_1$,

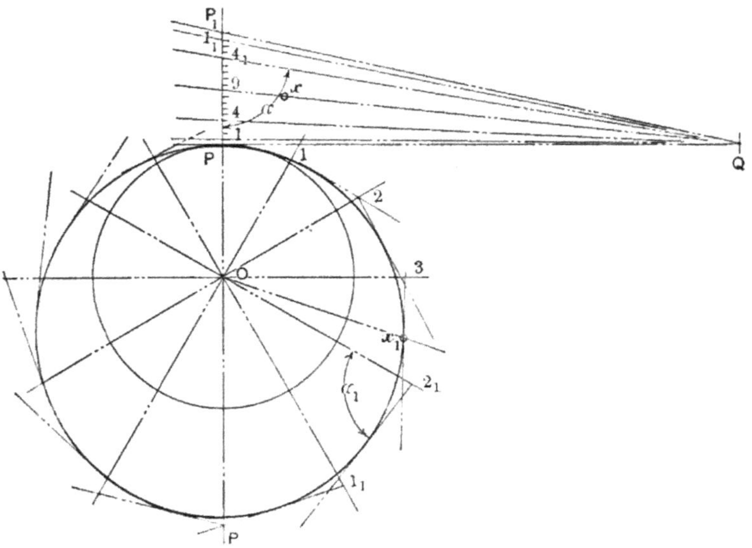

Fig. 29.- Came plate pour suiveur à tige.

et tracée à une distance égale au rayon du poussoir, fait le contour de la came, alors le poussoir sera poussé mécaniquement jusqu'à P_1 et tombera par son propre poids. Il restera en contact avec la came théoriquement, car le principe du mouvement uniformément accéléré est le même que celui d'un corps en chute libre.

En pratique, cependant, la friction et l'inertie des pièces connectées empêcheraient probablement le poussoir de rester en contact avec la came lors de son mouvement de retour si les oscillations étaient rapides.

La fig. 30 montre la came parabolique construite pour un poussoir qui se déplace dans n'importe quel chemin courbe. La construction est la même que dans la fig. 25, sauf que les points sur la courbe sont situés sur des lignes radiales Oa_1, Ob_1, etc., décalées des premiers rayons par les distances $2a_1 = 4a$, $3b_1 = 9b$, et ainsi de suite.

Came à plateau avec poussoir à barre

Lorsqu'une came à plateau doit être conçue pour entraîner un poussoir à barre à travers un certain cycle d'opérations, la construction est plus compliquée. Le cercle de base est divisé comme dans le cas précédent en un nombre quelconque de parties, et le carré du nombre de ces parties est tracé de P à 9 et de 9 à P_1, fig. 29. Si la barre doit

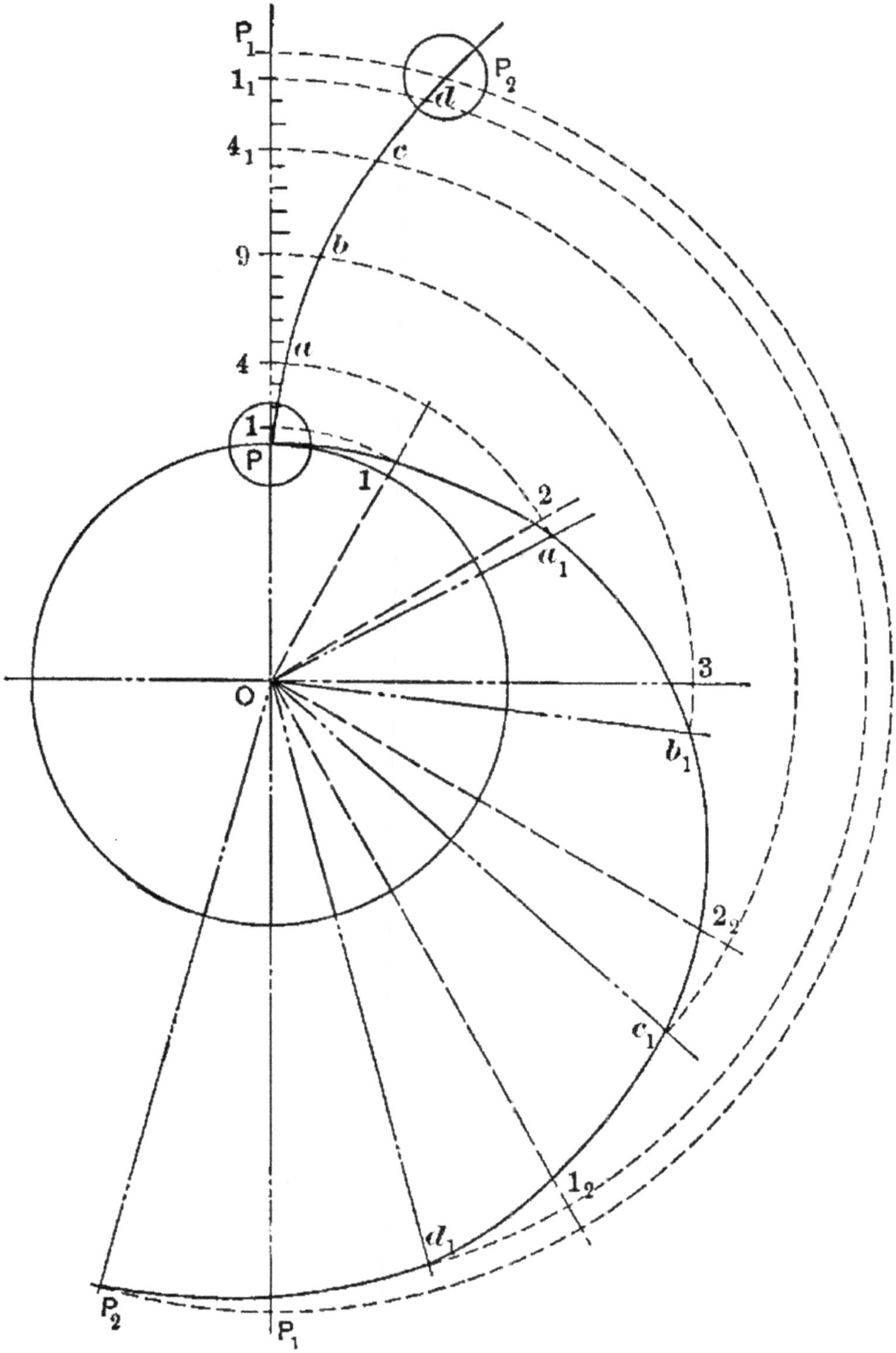

Fig. 30.- Courbe de mouvement accéléré appliquée à une came à plateau, avec le suiveur se déplaçant le long d'une courbe.

osciller autour de Q comme centre, elle prendra les positions Q_1, Q_4, O_9, etc., lorsque les rayons O_1, O_2,O_3, etc., arriveront à la position OP. Les intersections 1, 2, 3, etc., sont trouvées de la même manière que dans les cas précédents.

Maintenant, au lieu de dessiner la courbe pour le contour de la came à travers ces points, des lignes droites représentant le bord du poussoir doivent être tracées à travers les points en faisant le même angle avec un rayon donné que le poussoir fait avec OP lorsque le rayon en question est dans la position OP. Par exemple, l'angle α est égal à l'angle α_1. Maintenant, le contour de la came est une courbe lisse tracée tangentiellement à ces lignes droites. Si le poussoir à barre, au lieu d'être centré à Q, se déplace de haut en bas parallèlement à sa première position, alors tous ces angles sont des angles droits.

Si la face de la barre est courbée, alors le contour de la came doit être tracé tangentiellement aux courbes après qu'elles aient été correctement situées par rapport à leurs différents rayons. Lors du tracé des cames – fig. 29 – la relation appropriée entre le diamètre du cercle de base et la distance PP_1 doit être supposée. Si le cercle de base est trop petit, le contour de la came ne sera pas tangent au bord du poussoir dans toutes les positions, et ce dernier n'aura pas de mouvement uniformément accéléré et ralenti.

Il y a un contact roulant et glissant entre la came et son poussoir dans le cas de la fig. 29. L'action de roulement tend à déplacer le point de contact vers la droite de OP, pendant le mouvement ascendant, et à le ramener vers OP pendant le mouvement descendant. Le point de contact x ne se produit pas nécessairement lorsque Ox_1 est perpendiculaire à Qx.

Effet du changement de position de la chaudière de la came

Lorsque la ligne de mouvement d'un poussoir passe par le centre de rotation de la came et que l'angle de la courbe la rend difficile à travailler, la courbe peut être modifiée, et le même mouvement du poussoir obtenu en plaçant le poussoir avec sa ligne d'action parallèle à sa position d'origine et ne passant pas par le centre de la came. Une condition peut être supposée, comme montré dans la fig. 31.

Ici, nous avons une came tournant dans la direction indiquée par la flèche A, dont le but est de déplacer le poussoir de 1,9 cm dans la direction indiquée par la flèche B pendant un angle de mouvement de

30 degrés de l'arbre de la came. L'angle de la came présenté au poussoir au début de la course serait de 35 degrés, déterminé par la tangente à la courbe des centres, comme indiqué sur le dessin. Après que le poussoir ait parcouru un tiers de sa distance, l'angle présenté serait de 32 degrés, et lorsque les deux tiers du parcours auraient été effectués, l'angle de la courbe serait d'environ 30 degrés.

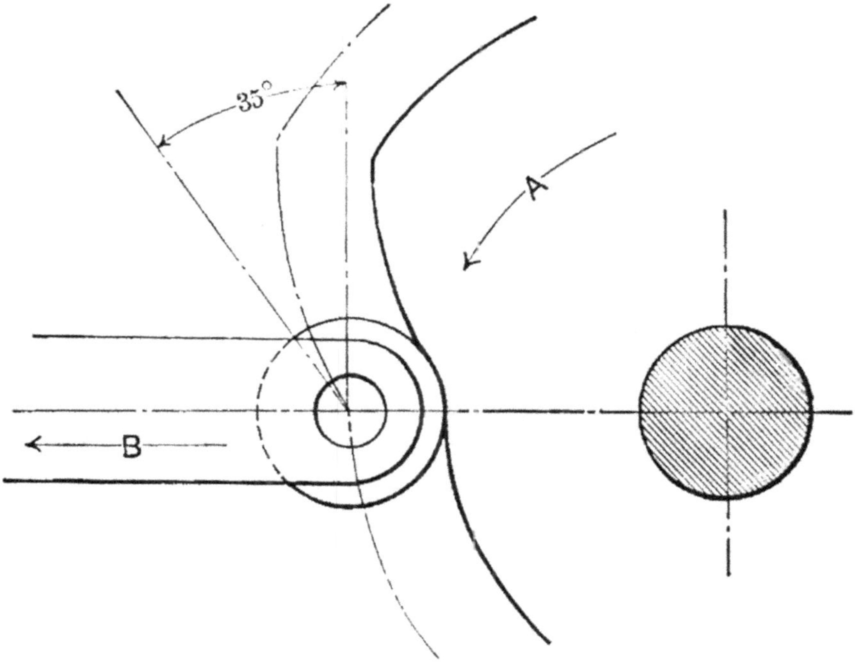

Fig. 31.- Galet de came sur la ligne centrale de la came.

Les angles donnés sont pour une courbe qui donnerait un mouvement uniforme au poussoir. Si la courbe de la came fonctionnait difficilement à la vitesse requise, nous augmenterions, si possible naturellement, le diamètre de la came ce qui réduirait l'angle de la came, comme le montre la différence des angles montrés dans la fig. 31, à mesure que nous nous éloignons du centre de rotation.

Cependant, la conception de la machine pourrait rendre ce changement impossible. Si l'objectif était simplement de déplacer le poussoir de la position montrée à un point distant de 1,9 cm dans un mouvement de 30 degrés de l'arbre de la came, sans tenir compte de son mouvement, une courbe harmonique ou de gravité pourrait être utilisée, ce qui rendrait la came plus facile à travailler. Cependant, cela serait impossible si notre conception exigeait un mouvement uniforme ou un autre mouvement également difficile. Une troisième façon de réduire l'angle de la courbe serait d'augmenter l'angle de mouvement de l'arbre de la came. Cela pourrait également être rendu impossible par les limitations de notre conception.

Une autre méthode peu courante consiste à changer la position du rouleau de la came.

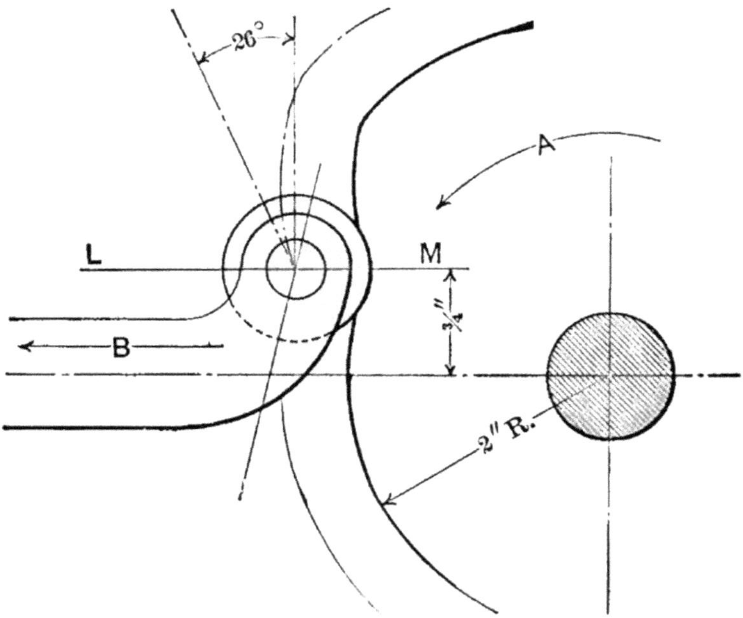

Fig. 32.- Galet de came placé au-dessus de la ligne centrale de la came.

Dans la fig. 32, toutes les conditions sont les mêmes que dans la fig. 31, sauf que le rouleau a été placé 1,9 cm au-dessus de la ligne passant par le centre de la came.

Le centre du rouleau passera maintenant le long de la ligne LM, ou parallèle à la ligne de mouvement dans la fig. 31.

L'angle de la courbe présenté au rouleau dans ce cas est de 26 degrés, beaucoup moins que l'angle présenté dans la fig. 31, et l'angle diminue à mesure que le rouleau s'éloigne du centre de rotation. L'avantage que l'on peut tirer du déplacement du rouleau de la came peut être facilement vu en comparant les résultats donnés ci-dessus. Il y a, bien sûr, une limite à la distance à laquelle le rouleau peut être déplacé car, s'il est placé trop loin de la ligne centrale, la poussée dans la direction perpendiculaire à la direction de mouvement du poussoir serait si grande qu'elle compenserait l'avantage obtenu.

Même sans l'aide d'une illustration, on peut voir que placer le rouleau de la came de l'autre côté du centre augmenterait l'angle de la courbe de la came, aggravant ainsi les conditions.

Le décalage du rouleau doit être dans la direction opposée à la direction de mouvement de la came.

Chapitre III

Notes sur la conception et la fabrication des cames

Il est étrange que les processus et méthodes de fabrication des cames n'aient pas été améliorés plus rapidement qu'ils ne l'ont été. Il y a vingt-cinq ans, les cames et les engrenages étaient à peu près sur un pied d'égalité, c'est-à-dire que la plupart des deux étaient coulés aussi près que possible de la forme appropriée, après quoi les surfaces de travail ou les dents étaient lissées avec une lime, puis les trous et les moyeux étaient finis de la manière habituelle. Certaines cames, de formes plates et cylindriques, étaient découpées, avec des accessoires appropriés, dans la même machine que celle utilisée pour découper les engrenages. C'était une vieille machine à indexation manuelle, avec une alimentation automatique composée d'un poids suspendu à la roue pilote. Depuis, les machines de découpe d'engrenages ont été merveilleusement développées.

Toutes sortes de styles et d'agencements sont sur le marché, répondant à toutes les demandes, de la machine à usage général aux formes hautement spécialisées.

En ce qui concerne les machines de découpe de cames, cependant, bien que les constructeurs de machines aient des outils spéciaux pour leur propre travail, autant que l'auteur le sache, il n'existe aucun outil sur le marché pour découper les cames. La came a donc pris du retard par rapport à l'engrenage dans le processus de développement. Les concepteurs et utilisateurs de machines sont susceptibles d'être un peu méfiants à l'égard des cames, de toute façon.

On prend souvent beaucoup de peine pour éviter la nécessité de les utiliser. Cela est dû, cependant, autant à une conception et une construction défectueuses qu'à des objections inhérentes à cette forme de mouvement mécanique. Il est ici proposé d'attirer l'attention sur certains des points à considérer lors de la conception et de la production de cames satisfaisantes, dans le but de justifier une utilisation plus étendue de celles-ci.

Défauts dans la conception des cames

Nous avons tous vu des cames défectueuses, dont le problème pouvait être attribué au concepteur ou au machiniste qui a tracé les courbes selon ce qu'on pourrait appeler «le temps prévu», c'est-à-dire qu'il s'est simplement assuré de ses points de départ et d'arrêt, négligeant tous les points intermédiaires tant que le mouvement arrivait et revenait à temps. Il pensait que c'était tout ce qui était nécessaire, sans tenir compte du choc et de la secousse causés par le démarrage et l'arrêt soudains de glissières, leviers, etc., même à des vitesses modérées.

La tentation de faire cela est toujours forte, surtout dans le cas des cames cylindriques, où il est tellement plus facile d'utiliser la fraiseuse (en la configurant pour une spirale afin de répondre aux exigences du calendrier), que de tracer et de former une courbe avec un démarrage progressif du mouvement et un arrêt progressif.

Il n'y a rien de pire pour la durée de vie d'une machine que de la faire fonctionner avec des cames découpées selon cette méthode «prévue». Un autre point à considérer est celui de profiter de tout le temps disponible pour un mouvement donné. La période ou les périodes de repos devraient être réduites au maximum, afin de rendre l'angularité de la montée aussi petite que possible. Un travail soigné à la planche à dessin fera une grande différence dans l'action satisfaisante des cames à ces deux égards.

Une autre mauvaise pratique, qui a peut-être contribué à discréditer l'utilisation des cames, est celle de les fabriquer en deux parties ou plus, dans l'idée de rendre les surfaces de travail réglables. Après avoir été écartées, ou calées, ou rectifiées quelques fois, un nom plus approprié pour elles serait « pare-chocs » plutôt que « cames ». Sauf dans de rares cas, il n'y a pas plus d'utilité ou d'excuse pour des cames réglables que pour des engrenages réglables, car il existe d'autres moyens meilleurs de faire des ajustements lorsque ceux-ci sont nécessaires. Les cames ne sont pas très coûteuses par rapport aux engrenages, et elles peuvent être dupliquées avec une plus grande précision que la plupart des pièces de machines. C'est particulièrement le cas si des fraises de dégrossissage et de finition sont utilisées pour les former, car la fraise de finition conservera son tranchant et sa taille pour un grand nombre de cames, si elle tourne correctement avec la broche au départ.

Roulements de came et goujons de rouleaux

Quelques mots peuvent être dits sur la conception et la construction des roulements de came et de leurs goujons, car le bon fonctionnement d'une came dépend en grande partie de cette question. La conception du rouleau et de son goujon doit être telle que le travail qu'il doit accomplir, la vitesse à laquelle il tourne et la surface de contact sur le goujon soient les facteurs déterminant sa taille, plutôt que le simple fait qu'il y ait une fraise dans l'atelier d'outillage d'un certain diamètre. Il est également important que le rouleau et le goujon soient rectifiés sur toute leur surface après durcissement.

L'extrémité du rouleau doit également être coupée en retrait de 0,4 mm environ sur les côtés à une certaine distance du diamètre extérieur, afin d'éviter une friction excessive contre le collier du goujon ou la partie dans laquelle il est monté.

En raison de la déformation qui se produit lors du durcissement, les rouleaux qui ne sont pas rectifiés à l'intérieur et à l'extérieur ont tendance à s'arrêter fréquemment sous le poids, jusqu'à ce que des points plats soient usés sur la face ; alors la surface de travail de la came commencera à s'user ou à se détériorer.

Les goujons de rouleaux qui ne sont pas tout à fait parallèles à la surface de travail de la came causeront également des problèmes, mais aucune rectification ne pourra résoudre ce cas. Le même problème se produit sur les cames cylindriques si la fraise est placée au-dessus ou au-dessous du centre de la came lors de la découpe. Le rouleau portera alors à une extrémité seulement au moment le plus important, lorsque le mouvement se produit.

Un rouleau conique est la solution appropriée pour ce type de came. Cependant, il y a beaucoup de pression d'extrémité sur un rouleau de ce type, qui doit être prise en charge par des bagues de butée sur le goujon ou, mieux encore, une piste à billes peut être usinée dans la bague et à l'extrémité large du rouleau afin de fournir un roulement à billes facilitant la poussée. Cette pression d'extrémité réduira la pression latérale sur le goujon dans une certaine mesure, néanmoins, le goujon peut être légèrement plus court ou de diamètre plus petit que lorsqu'un rouleau parallèle est utilisé.

Découpe de cames à avance uniforme dans la fraiseuse

Lorsqu'il s'agit de découper des cames, l'ouvrier se tourne naturellement vers la fraiseuse. De nombreux fabricants de fraiseuses fabriquent des accessoires qui peuvent être utilisés pour découper des cames avec des modèles. Aucun, cependant, n'est fourni avec autre chose qu'une alimentation manuelle.

Une autre, et la plus grande, objection à leur égard est que s'il y a beaucoup de travail à faire, l'une des machines les plus coûteuses de l'atelier est immobilisée, et il y a peu d'ateliers qui ont un surplus de ce type d'outils. Pour un travail occasionnel ou expérimental, cependant, il n'y a rien de mieux que la fraiseuse.

Comme cela a été remarqué précédemment, les courbes avec des mouvements de démarrage et d'arrêt faciles ne peuvent pas être découpées sans modèles sur celle-ci, ou sur toute autre machine d'ailleurs mais les cames qui nécessitent une montée constante, comme les cames d'alimentation de certaines machines, peuvent être découpées sans l'utilisation de modèles. Avec les cames cylindriques, la méthode est évidente, il suffit de synchroniser la tête spirale avec la vis-mère pour obtenir l'avance requise, puis de découper une rainure de ce pas dans le corps avec une fraise de même diamètre que le rouleau.

Pour découper des cames plates pour le même type de mouvement, l'arrangement montré dans la fig. 33 peut être utilisé, si la machine dispose d'un accessoire de fraisage à broche verticale et d'une tête spirale. Tout ce qu'il est nécessaire de fournir en plus est l'arbre d'extension montré, et le palier ou support spécial pour le soutenir. Ces pièces sont utilisées pour amener la tête spirale au centre de la table. L'arbre est alésé à une extrémité pour s'adapter au goujon de la tête spirale (appelé le goujon de roue à vis dans les tableaux) ; l'autre est tourné et claveté pour s'adapter aux engrenages de changement. Les cames peuvent être maintenues dans le mandrin régulier, ou sur une plaque de face adaptée

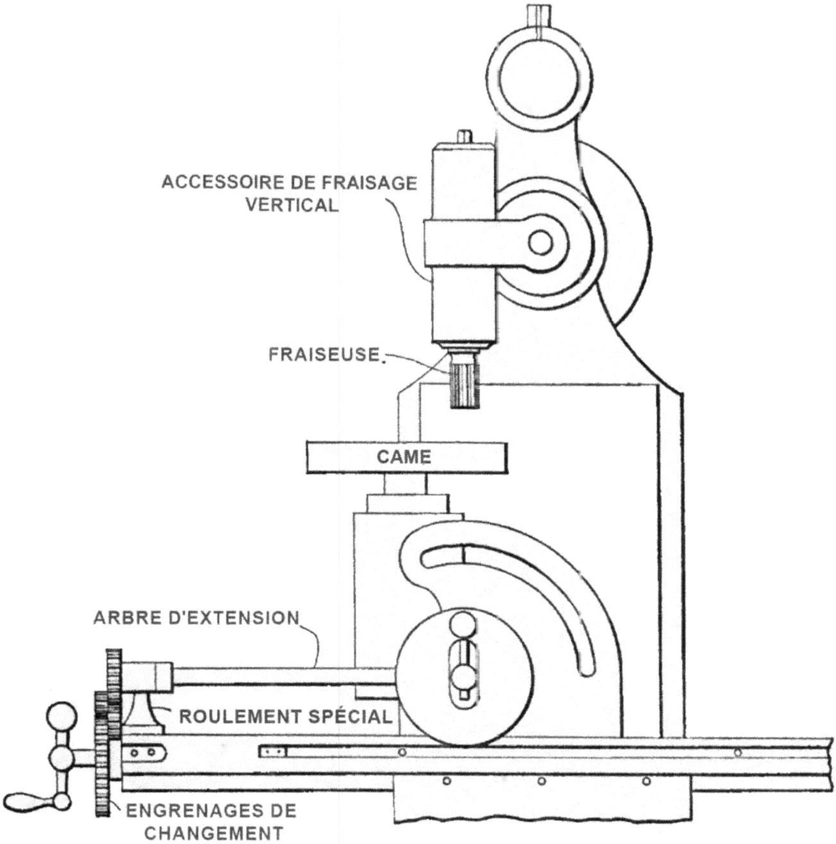

Fig. 33.- Découpe d'une came frontale à déplacement uniforme.

à la tête. Les petites peuvent être maintenues sur un arbre adapté à la broche, avec de grands colliers pour les maintenir fermement, serrées avec un écrou et une rondelle, ou par une douille d'expansion dans le cas de grands trous. Si elles ont des rainures de clavette, et que plus d'une ou deux doivent être fabriquées, il sera bon de placer une clavette dans l'arbre pour aider à les localiser. Il est nécessaire de centrer la fraise avec la tête spirale pour obtenir des résultats corrects, car la spirale variera si cela n'est pas fait.

On peut parfois tirer parti de cela lorsque, avec les engrenages de changement réguliers, il n'y a pas de spirale de la hauteur exacte requise, auquel cas la montée souhaitée peut être obtenue en déplaçant la tête hors du centre. Cela, cependant, ne donnera pas une spirale uniforme, car la hauteur continuera d'augmenter à mesure qu'elle s'éloigne du centre de la came. Comme les dessins de came sont généralement tracés ou divisés en degrés, il sera pratique de diviser la pièce de came de la même manière, tout en la maintenant dans la tête spirale. Pour ce faire, nous pouvons faire tourner la manivelle de réglage à travers deux trous dans le cercle de 18 trous ou trois trous dans le cercle de 27 trous, autant de fois que nécessaire, chacune de ces divisions donnant exactement un degré.

Accessoires de fraiseuse pour découper des cames avec un modèle

Des exemples d'accessoires adaptés à des exigences spéciales sont montrés dans les figures 34 et 35. Dans un atelier avec un équipement plutôt limité, une commande est arrivée pour un lot de huit machines, nécessitant sept cames chacune, dont la plupart étaient de type plateau. Comme ce type de travail était nouveau pour l'atelier, cela posait quelques difficultés et comme d'habitude, il a été décidé de faire le travail sur la fraiseuse.

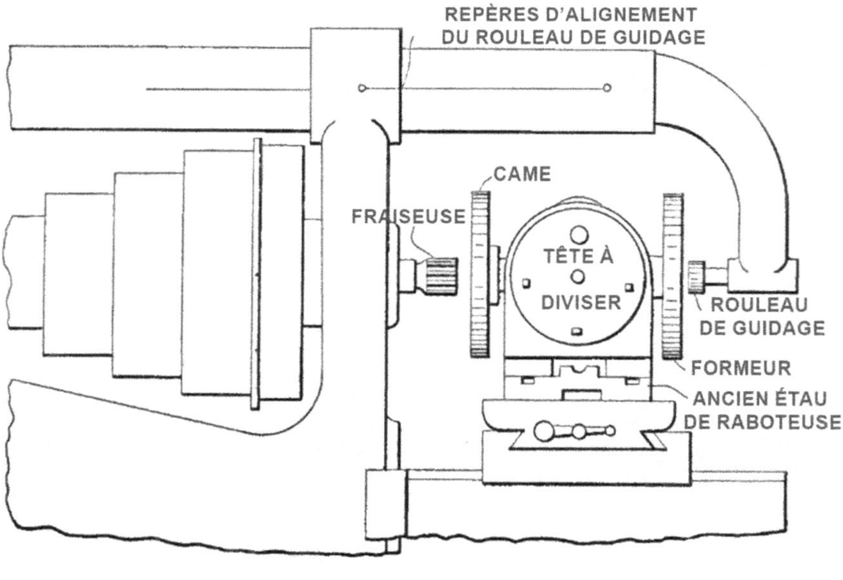

Fig. 34.- Dispositif peu coûteux pour fraisage de cames plates afin de correspondre à un modèle.

Un ancien étau de raboteuse a été récupéré et réajusté de manière à avoir la mâchoire mobile bien ajustée - la vis ayant été retirée, bien sûr. À cette mâchoire a été fixée et boulonnée la tête spirale de la fraiseuse, de manière que sa broche puisse être placée soit à angle droit, soit parallèle à la fraise, selon le cas requis pour les cames cylindriques ou à plateau. Un arbre a été fabriqué, suffisamment long pour passer à travers la tête, portant le modèle à l'extrémité arrière et la pièce de came à l'extrémité avant. Un écrou fileté sur l'extrémité arrière maintenait le modèle contre l'extrémité de la broche, de sorte qu'il n'y avait aucun risque que les arbres se desserrent, peu importe à quel point le travail et l'outil vibraient.

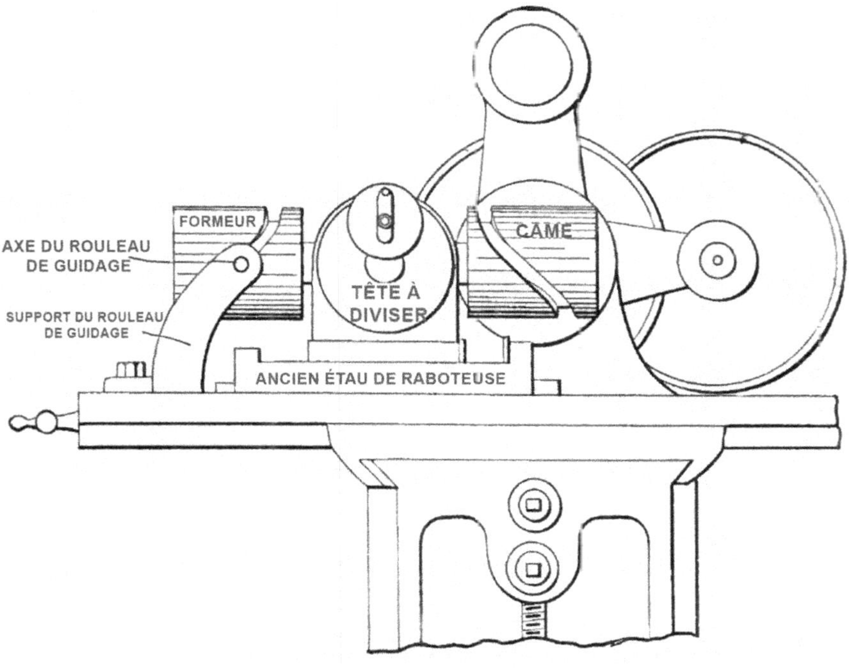

Fig. 35.- Usinage d'une came cylindrique à l'aide du dispositif montré à la Fig. 34.

Pour les cames à plateau, comme montré dans la fig. 34, le modèle a été fabriqué dans le sens opposé à celui de la came requise. Le bras en surplomb avait une ligne centrale marquée dessus qui était alignée avec une sur le cadre afin de localiser le support de l'arbre au centre de la broche. À la place du centre de support de l'arbre, un goujon avec un rouleau du même diamètre que la fraise a été installé. Le bras était solidement maintenu par les supports réguliers de la fraiseuse, qui ne sont pas montrés dans l'illustration. La méthode de fonctionnement est évidente. La tête spirale avec son travail et son modèle attachés était tournée lentement à la main. L'action du rouleau, maintenu par le bras en surplomb dans la rainure du modèle, faisait glisser la tête et le travail d'avant en arrière sur les chemins de l'étau de la raboteuse, donnant le mouvement approprié entre le travail et la fraise pour produire le contour de came souhaité. La table était verrouillée sur la selle.

Pour les cames cylindriques, l'accessoire a été réarrangé comme montré dans la fig. 35. Le rouleau du modèle était fermement maintenu dans un support boulonné à la table de la machine. Comme le rouleau est du côté opposé de la fraise, le modèle et le travail sont placés à 180 degrés l'un de l'autre sur l'arbre de travail, sinon ils sont identiques. La tête est repositionnée sur la mâchoire mobile de l'étau pour amener l'axe de sa broche à angle droit par rapport à l'axe de la fraise, comme montré. Le lecteur pourra facilement comprendre les autres détails à partir de la gravure.

Les deux arrangements découpaient de bonnes cames, considérant que le coût initial de l'ensemble était très faible. Comme les modèles étaient fabriqués avec précision selon le dessin, les cames donnaient satisfaction à des vitesses assez élevées, mais le dispositif avait l'inconvénient d'immobiliser une machine qui avait beaucoup de travail en attente ; de plus, c'était un travail fastidieux d'actionner la manivelle de réglage à la main toute la journée, surtout en travaillant sur des cames en acier. Pour ces raisons, lorsqu'une commande en double est arrivée quelques semaines plus tard, il a été jugé préférable d'essayer de découper les cames à plateau sur un ancien tour, offrant ainsi l'avantage d'une alimentation automatique et soulageant la fraiseuse de certains de ses travaux.

Un accessoire de découpe de came pour le tour

Un accessoire de découpe de came pour tour est montré dans la fig. 36. Bien que le principe ne soit pas nouveau, il diffère quelque peu des autres solutions de fortune décrites. Pour cet arrangement, le chariot porte-outil a été retiré de la machine et remplacé par le support en fonte montré. Celui-ci a été ajusté et fixé au chariot porte-outil, et sa broche a été alésée et ses côtés usinés avec une barre d'alésage sur les centres du tour. Au support *a* ensuite été fixé la plaque de face de la came et

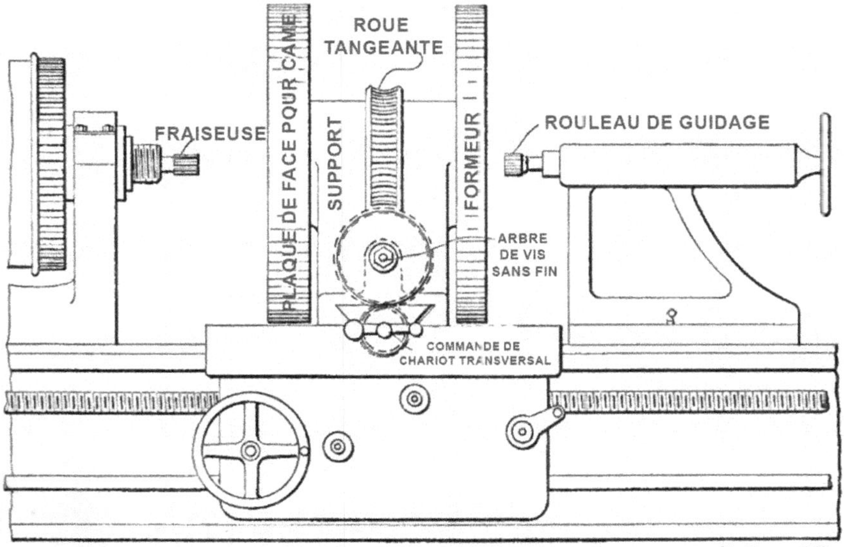

Fig. 36.- Dispositif avec avance automatique pour l'usinage de cames frontales.

la broche, coulées en une seule pièce et finies sur toute la surface, avec l'extrémité arrière filetée pour s'adapter au modèle. À cette broche était clavetée une roue à vis en fonte.

Dans ce cas, la roue à vis avait 82 dents. Engrenant avec cette roue, il y avait une vis sans fin ayant un trou de 14,3 mm, et avec une clé ayant un ajustement coulissant dans l'arbre de la vis sans fin. Des paliers étaient prévus pour l'arbre de la vis sans fin à l'avant et à l'arrière. Le support avant pour l'arbre de la vis sans fin était coulé sur le support, et fini avec lui pour s'adapter au chariot porte-outil, après quoi il a été scié et fixé à l'avant du chariot par la vis de serrage, comme montré. C'est la même pratique que celle couramment suivie pour fabriquer la pince pour l'arrêt de filetage sur le chariot transversal.

À l'extrémité extérieure de l'arbre de la vis sans fin était claveté un engrenage, engrenant avec un autre ajusté et claveté à l'extrémité avant de la vis de l'avance transversale à côté de la poignée. La broche a été coupée pour faire de la place. L'écrou de l'avance transversale a été entièrement retiré, bien sûr.

On voit que cet arrangement, tout en ayant les caractéristiques générales de celui montré dans la fig. 34, offrait l'avantage d'utiliser une machine moins coûteuse et moins surchargée, et permettait également l'utilisation d'une avance automatique, puisque l'engrenage permettait la connexion avec l'avance transversale automatique dans le tablier. Cela donnait une avance suffisamment fine pour les petites cames, mais pour les grandes, il était nécessaire de faire passer la courroie d'avance du cône de l'arbre d'avance au moyeu du grand engrenage intermédiaire du train de filetage, celui-ci étant en prise avec l'engrenage de la broche. La vis-mère a été retirée pour ne pas interférer avec la courroie. Avec des changements réguliers, cela donnait une large gamme d'avances.

Les cames et les modèles étaient fixés à leurs plaques de face respectives par des boulons. Tous les modèles étaient du type poussoir positif ayant une rainure pour guider le rouleau. Aucun poids ou autre moyen n'est alors nécessaire pour que les poussoirs restent en contact avec leur travail.

Chapitre IV

Découpe des cames maîtresses

Méthode courante de fabrication des cames maîtresses

En supposant que la came maîtresse ait été correctement usinée et ébauchée, nous examinerons brièvement la méthode généralement utilisée pour la finition. Cette méthode consiste à monter la came maîtresse dans la tête diviseuse d'une fraiseuse universelle, et à engrener la tête avec la vis de table de manière que la table avance en proportion avec la rotation du travail dans la tête diviseuse.

Dans la fig. 37, une came maîtresse est montée comme décrit ci-dessus, et maintenue contre une fraise dans l'accessoire de fraisage à broche verticale sur une fraiseuse. Cette fraise a le même diamètre que

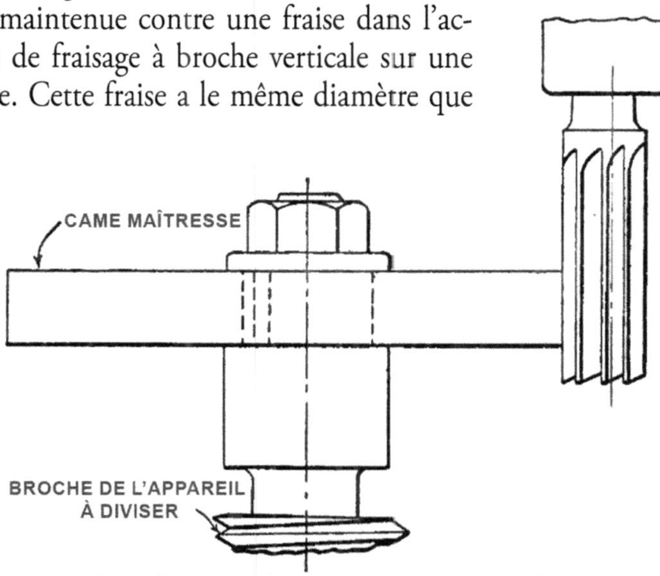

Fig. 37.- Méthode courante de fraisage des cames maîtresses.

le rouleau qui sera utilisé avec la came. La description suivante se réfère spécifiquement à la découpe de la came maîtresse pour la came montrée au chapitre I, Fig. 17.

Le processus est le suivant : Alimentez le travail contre la fraise jusqu'à ce que la fraise soit à 9,37 cm du centre de la came maîtresse. Maintenant, avec la rainure de clavette de la came maîtresse, qui est le « zéro » de la came, directement alignée avec la fraise, tournez le travail de 150 degrés. Cela termine une partie de la période de repos extérieure de la came.

L'opération suivante consiste à alimenter le travail contre la fraise de 1,27 cm pendant que la tête diviseuse tourne de 45 degrés. Étant donné que 45 degrés c'est ⅛ de 360 degrés, ou un tour, nous voulons des engrenages qui feront tourner le travail de ⅛ de révolution pendant que la table avance de 1,27 cm. Cela équivaut à un tour du travail pendant que la table avance de 10,16 cm.

Les engrenages sur une vis de table avec quatre filets par pouce, et une roue à vis de 40 dents dans la tête diviseuse sont :

Engrenage sur la vis 36	Deuxième engrenage sur le goujon 28
Engrenage sur la vis 36	Engrenage sur la vis de table 70

Après avoir connecté ces engrenages avec soin, alimentez le travail contre la fraise de 1,27 cm. Les engrenages feront en même temps tourner le travail de 45 degrés. Cela donnera l'avance de la came. Maintenant, avec la table serrée là où elle est, tournez le travail de 35 degrés supplémentaires. Cela donnera la période de repos intérieure de la came.

Changez maintenant les engrenages de manière que le travail tourne de 90 degrés pendant que la table recule de 1,27 cm. Cela peut être fait en retirant le premier engrenage sur le goujon avec 36 dents et en le remplaçant par un engrenage de 72 dents.

Après avoir fait cela avec soin pour éviter de perturber le travail pendant le changement, reculez le travail de la fraise de 1,27 cm. Les engrenages auront tourné le travail de 90 degrés supplémentaires, l'intermédiaire ayant été correctement ajusté.

Cela donnera le recul de la came. Maintenant, avec la table serrée là où elle est, tournez le travail jusqu'à ce que la fraise atteigne la partie déjà terminée.

La méthode qui vient d'être décrite est très pratique lorsque les engrenages de changement donnent les combinaisons nécessaires, mais il arrive souvent que la combinaison souhaitée ne puisse pas être réalisée avec une précision même approximative.

Cette difficulté peut cependant être surmontée par une méthode qui n'est pas généralement utilisée, mais par laquelle tout résultat souhaité peut être obtenu.

Méthode améliorée pour produire des cames maîtresses

Pour plus de commodité, nous supposerons que la came maîtresse ne pouvait pas être découpée avec les engrenages cités ou avec d'autres, en position verticale.

Nous procéderons comme suit : montez la came maîtresse ébauchée comme précédemment dans la tête diviseuse, et placez une fraise de 2,54

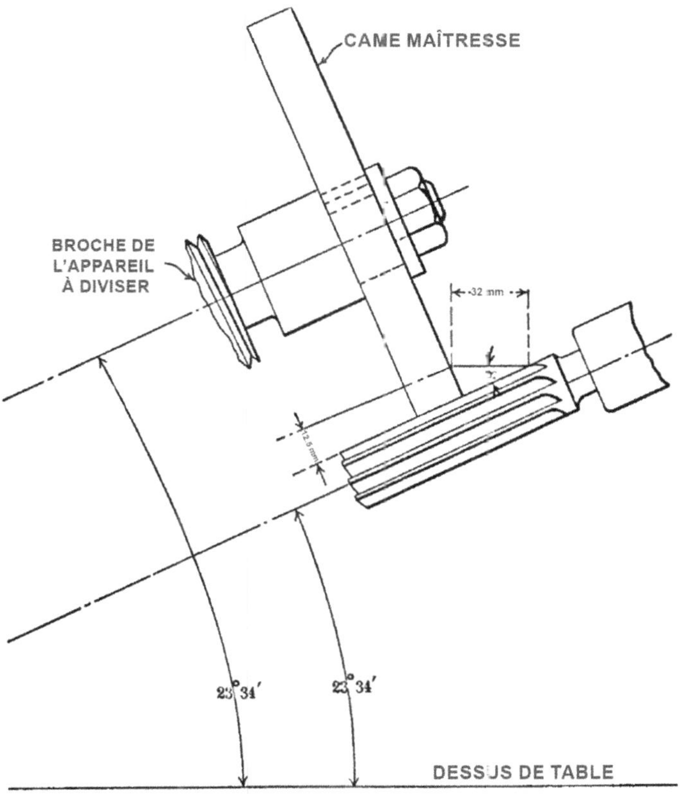

Fig. 38.- Méthode améliorée de fraisage des cames maîtresses.

cm dans l'accessoire de fraisage vertical, mais, au lieu de les placer en position verticale, inclinez chacun à un angle de 23 degrés 34 minutes, comme montré dans la fig. 38. La raison de cela apparaîtra plus tard.

Par inspection, nous voyons que si le travail est alimenté contre la fraise, fig. 38, la fraise entrera en action et s'approchera du mandrin. Nous voyons également que si l'angle d'inclinaison est augmenté ou réduit, le taux auquel la fraise s'approche du mandrin variera également. Une combinaison d'engrenages pratique à utiliser dans ce cas est celle qui fera tourner le travail de 360 degrés tandis que la table avance de 25,4 cm. Ce résultat peut être obtenu en utilisant quatre engrenages de 36 dents pour faire tourner le travail.

Après avoir fraisé la came maîtresse pour les premiers 150 degrés à un rayon de 9,37 cm comme mentionné, nous devons trouver la distance correcte pour avancer la table afin de faire approcher la fraise du mandrin de 1,27 cm tandis que le travail tourne de 45 degrés. Le calcul est fait comme suit : quarante-cinq degrés c'est ⅛ de 360 degrés. Étant donné que la table est engrenée pour avancer de 25,4 cm tandis que le travail tourne de 360 degrés, la table avancera de ⅛ de 25,4 cm tandis que le travail tourne de 45 degrés. Ainsi, l'avance est de 3,18 cm pour le tour de 45 degrés du travail.

Par inspection, nous voyons que dans la fig. 38, la fraise et la face du travail forment deux côtés d'un triangle rectangle avec une hypoténuse de 0,64 cm et un côté de 1,27 cm. En résolvant, nous trouvons que l'angle α est de 23 degrés 34 minutes, comme mentionné précédemment. Après avoir correctement connecté les engrenages pour fraiser l'avance sur la came, avancez la table de 3,18 cm.

Comme indiqué précédemment, cela fera approcher la fraise du mandrin de 1,27 cm tandis que les engrenages auront tourné le travail de 45 degrés. Maintenant, avec la table verrouillée ainsi, tournez le travail de 35 degrés supplémentaires. Nous sommes alors prêts à commencer le recul de la came.

Nous devons arranger les engrenages qui feront tourner le travail de 90 degrés tandis que la table recule de 3,18 cm. En retirant l'engrenage de 36 dents de la vis et en le remplaçant par un engrenage de 72 dents, nous obtenons ce résultat. Faites soigneusement le changement pour ne pas perturber le travail, puis reculez la table de 3,18 cm. Les engrenages auront tourné le travail de 90 degrés supplémentaires.

Maintenant, avec la table verrouillée ainsi, tournez le travail jusqu'à ce que la came maîtresse soit terminée.

Ce système de fabrication des cames ne peut être utilisé que lorsque des mouvements uniformes sont requis. Bien que nous l'ayons utilisé pour finir entièrement une came maîtresse à plateau, toute partie de came nécessitant un mouvement uniforme peut être usinée de cette manière avec un degré de précision difficilement obtenu autrement. En fait, le travail doit être aussi précis que la machine sur laquelle il est effectué.

Le même système peut être utilisé pour fabriquer une came maîtresse pour une came à tambour, comme montré dans la fig. 39.

Notez cependant que le travail est réglé à 23 degrés 34 minutes par rapport à la position verticale, tandis que la fraise est inclinée à angle droit par rapport à l'axe du mandrin, au lieu d'être parallèle à celui-ci. Les mêmes combinaisons d'engrenages seraient utilisées si l'action de la came à tambour était similaire à celle dont nous avons parlé. Le coût

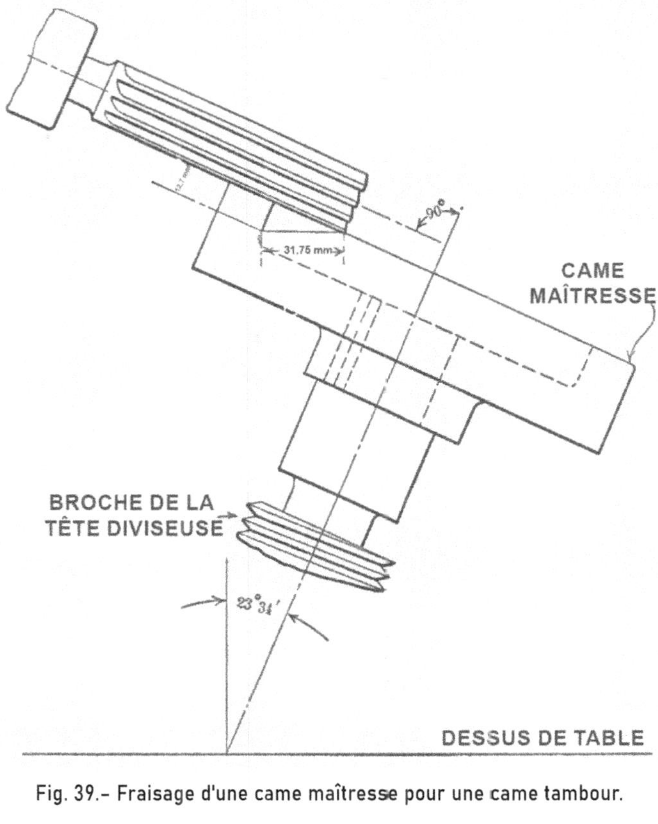

Fig. 39.- Fraisage d'une came maîtresse pour une came tambour.

extrêmement bas de fabrication des cames maîtresses par cette méthode rend rentable la fourniture d'une came maîtresse pour découper la rainure dans une seule came.

Fraise spéciale pour la finition des cames rainurées

Une source de constante irritation lors du fraisage des rainures dans les cames en fonte réside dans le fait que les fraises de finition s'usent rapidement et deviennent sous-dimensionnées. Elles doivent alors être mises de côté ou utilisées pour les découpes de dégrossissage, tandis qu'une nouvelle fraise de taille complète est utilisée pour la finition. Nous ne discuterons pas de la pratique consistant à mettre un morceau de papier dans le collet pour faire en sorte que la petite fraise ne tourne pas correctement.

Une autre source de problème, même avec des fraises à cannelures hélicoïdales, est la tendance de la fraise à vibrer, à moins qu'elle ne soit parfaitement rectifiée et que toutes les autres conditions soient exactement correctes. Un troisième problème réside dans la tendance de la fraise à couper davantage d'un côté que de l'autre et à creuser des zones dans la rainure.

La fig. 40 montre un outil extrêmement simple, dont l'utilité ne peut être surestimée pour la finition des rainures dans les cames en fonte. Il s'agit d'un morceau d'acier à outils, usiné de manière appropriée pour être monté sur un arbre. Il est tourné à l'extérieur, avec suffisamment de matière laissée pour le meulage, après quoi les rainures hélicoïdales montrées sur la surface développée sont fraisées avec une fraise angulaire. La pièce est ensuite durcie et rectifiée à la taille. La rainure de la came que

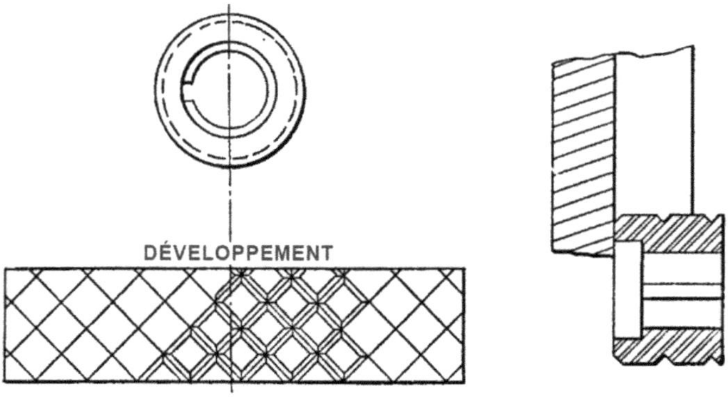

Fig. 40.- Fraise de finition spéciale pour les rainures de cames.

nous devons finir est ébauchée de 0,005 cm à 0,03 cm en dessous de la taille ; la fraise de dégrossissage est retirée de la broche de la machine de découpe de cames, et cet outil spécial est monté à sa place. La came est ensuite alimentée contre l'outil jusqu'à ce qu'il atteigne le fond, lorsque la came a effectué une révolution complète. L'outil laissera une rainure exacte de la bonne taille, sans marques de vibration ni creux.

En raison de la forme des arêtes de coupe ou de raclage, il durera plus longtemps que de nombreuses fraises ordinaires. Utilisée en conjonction avec lui, une seule fraise de dégrossissage peut être affûtée à plusieurs reprises avant de devenir trop petite pour obtenir de bons résultats.

Chapitre V

Suggestions pour la fabrication des cames

Dans le présent chapitre, sont rassemblées un certain nombre de suggestions pour la conception et la fabrication des cames, ainsi qu'une discussion sur la forme des rouleaux de came pour les cames cylindriques.

Ces suggestions ont été apportées de temps en temps aux colonnes de *Machinery*. Les noms des personnes qui ont initialement contribué à la matière ici sélectionnée ont été donnés dans des notes en bas de page, ainsi que le mois et l'année où ces articles sont apparus.

Fabrication des cames maîtresses

La méthode de création des cames maîtresses cylindriques, qui est décrite dans les paragraphes suivants, a été utilisée avec succès dans un atelier où une grande partie de ce travail est effectuée. Un développement de la came à la surface du cylindre est fourni par le dessinateur. Si la came est plus petite que 6,35 cm ou 7,62 cm de diamètre, ou a des pentes inhabituellement raides dans sa composition, le développement doit être tracé pour un diamètre deux ou trois fois plus grand que celui de la came souhaitée.

Supposons qu'il soit nécessaire de fabriquer une came maîtresse pour la came montrée dans la fig. 41. La première étape consiste à fabriquer un gabarit correspondant au développement montré dans le dessin. Ce gabarit peut être fabriqué en acier doux, d'une épaisseur dépendant du diamètre auquel il doit être plié, comme décrit plus tard. Il peut être

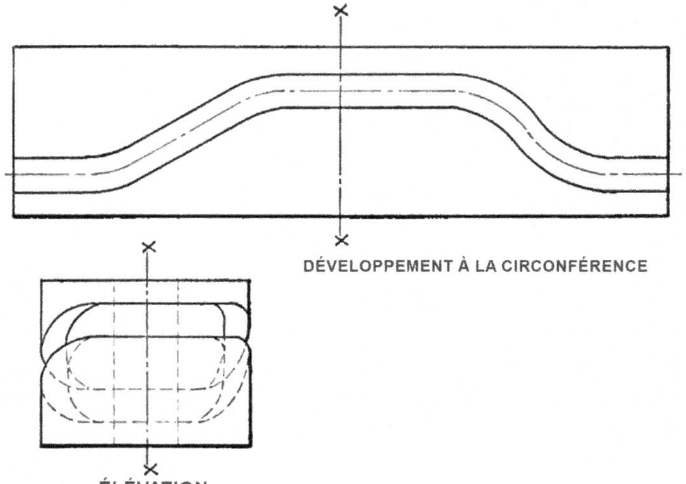

Fig. 41.- La came maîtresse et sa conception.

ajusté au dessin avec un ciseau à froid et une lime ou, si une grande précision est souhaitée, le gabarit peut être maintenu dans l'étau de la fraiseuse, et les surfaces droites finies aux graduations. Ce gabarit, montré dans la fig. 42, est fabriqué pour un seul côté de la rainure de la came.

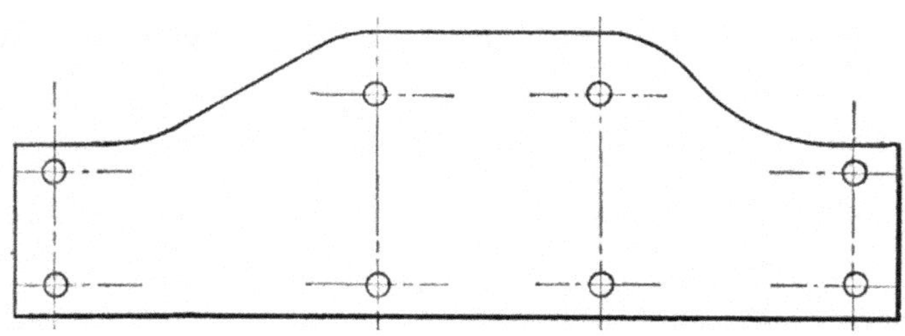

Fig. 42.- Gabarit pour la fabrication de la came maîtresse - Fig. 41.

La prochaine étape consiste à tourner une pièce d'acier ou de fonte, comme montré en B, fig. 43, à un diamètre tel que lorsque le gabarit A est enroulé autour, comme dans la figure, les extrémités se rencontrent à peine. Ce diamètre est d'environ l'épaisseur de la plaque moins le diamètre auquel le développement a été tracé, mais il doit être laissé un peu plus grand et ensuite ajusté. La plaque est maintenant serrée autour du corps, avec le bord arrière poussé contre l'épaulement pour assurer un alignement correct de la surface de travail de la came. Si des difficultés sont rencontrées dans ce processus d'enroulement, une sangle circulaire peut être pliée avec des extrémités saillantes comme montré en pointillé en C ; avec l'aide d'une pince D, le gabarit peut être étiré autour, de manière lisse. Le gabarit et le corps peuvent maintenant être percés et taraudés pour des vis, et pour des chevilles également, si nécessaire.

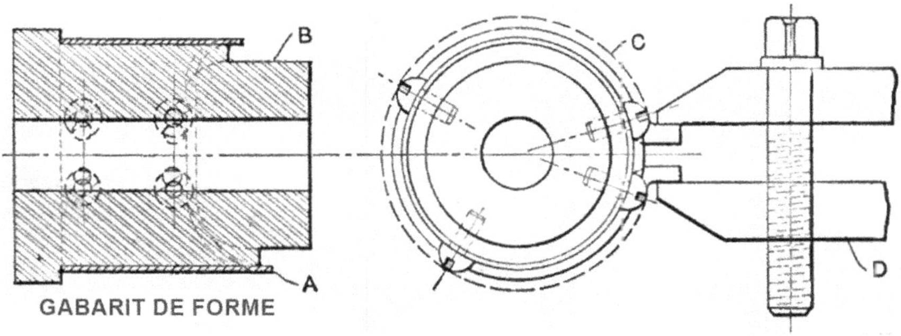

Fig. 43.- Gabarit fixé sur un mandrin pour la fabrication d'un gabarit.

Tracez le contour de la came sur le corps B, retirez le gabarit, placez le corps sur un arbre entre les centres de réglage de la fraiseuse, et retirez le matériau sur environ 1,27 cm de profondeur, ou plus, 0,16 cm en arrière de la ligne tracée. Cela, comme montré dans la fig. 43, est pour fournir un dégagement sous le bord de travail du gabarit. Le gabarit peut maintenant être remis en position sur le corps et fixé. L'arrangement est alors prêt à être utilisé comme modèle pour la fabrication d'une came maîtresse.

La fig. 44 montre une fraiseuse arrangée pour la découpe de cames. E est une pièce moulée conçue pour saisir la face finie de la colonne, et portant un bloc réglable F. Le rouleau de came G est pivoté sur un poteau

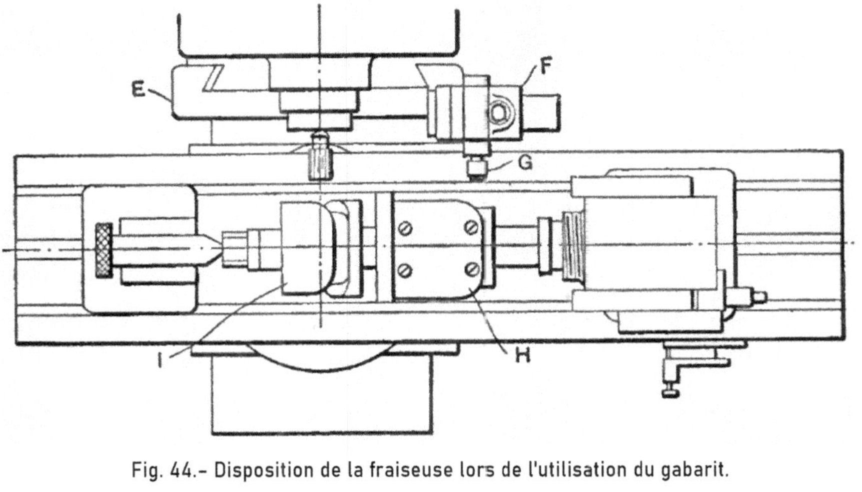

Fig. 44.- Disposition de la fraiseuse lors de l'utilisation du gabarit.

qui est réglable en avant et en arrière dans le bloc F. Notre modèle H, et la pièce de came maîtresse I, sont montés, comme montré, sur un arbre entre les pointes du diviseur. En actionnant simultanément la manivelle de la vis sans fin du diviseur et l'avance longitudinale, le rouleau G peut suivre le contour du modèle H de manière que la fraise taille la rainure souhaitée dans l'ébauche de came.

Une fraise légèrement plus petite peut être utilisée pour une découpe de dégrossissage, mais il va sans dire que le rouleau et la fraise de finition doivent être de taille similaire si une copie exacte du modèle est souhaitée. Il sera plus facile de suivre le contour avec le rouleau si les courbes plus raides sont tracées vers le bas plutôt que vers le haut.

Une machine de découpe de cames assez bonne pour fabriquer des copies de la came maîtresse I peut être improvisée en utilisant l'accessoire E, F, G dans une machine à avance par crémaillère. Il pourrait également être possible de connecter la vis sans fin de réglage avec l'arbre d'avance télescopique afin de fournir une avance automatique à l'appareil. Pour garantir des cames précises, l'arrangement de maintien de l'outil doit être suffisamment rigide pour déplacer la table sans trop de secousses, ou alors la table doit être lestée, afin de maintenir la pression du rouleau constamment contre une face de la came maîtresse.

Méthode simple pour découper des cames avec précision

Les cames sont généralement tracées avec des compas, usinées et limées selon la ligne. Mais pour une came qui doit avancer d'un certain nombre de millièmes par révolution de la broche, cette méthode de compas n'est pas précise. Les cames sont facilement et précisément fabriquées de la manière suivante.

Pour illustration, fabriquons la came en forme de cœur dans la fig. 45. Le déplacement de cette came est de 2,79 cm. Maintenant, en réglant l'index sur la fraiseuse pour découper 200 dents et en divisant également 2,79 cm par 100, nous trouvons que nous avons 0,028 cm à reculer du centre de la came pour chaque découpe à travers la came.

En plaçant la came solidement sur un arbre, et ce dernier entre les centres de la fraiseuse, et en utilisant une fraise convexe, réglez la distance appropriée par rapport au centre de l'arbre, nous effectuons la première découpe à travers la came. Ensuite, en abaissant le genou de la fraiseuse de 0,028 cm et en tournant la goupille de réglage du

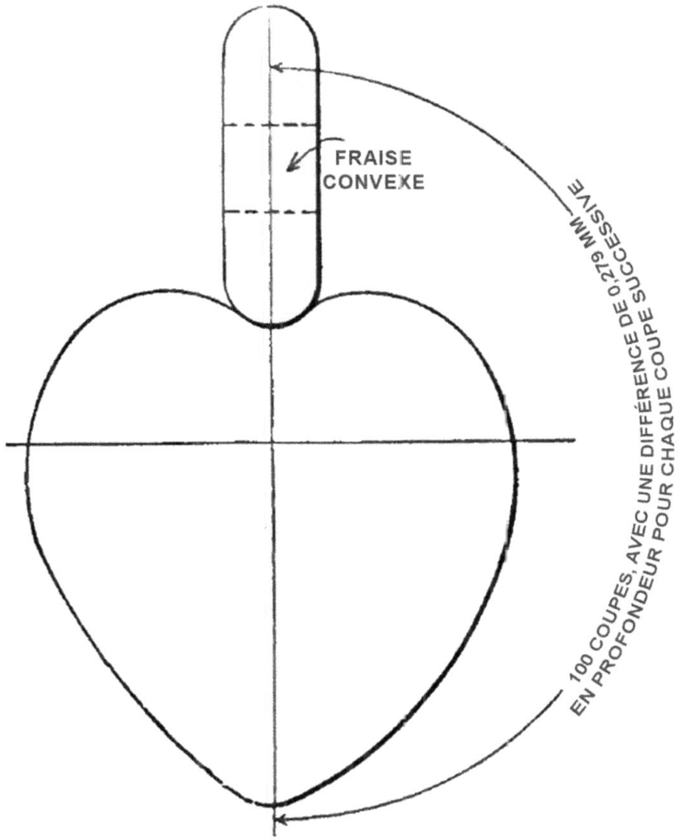

Fig. 45.- Méthode d'usinage des cames.

nombre de trous approprié sur la plaque de réglage, nous effectuons la découpe suivante, et ainsi de suite. Chaque découpe doit être marquée sur du papier afin qu'il n'y ait pas d'erreur quant au nombre de découpes effectuées ; lorsque 100 découpes ont été effectuées, le genou doit être relevé pour compléter le côté opposé de la came.

Dispositif pour tracer les cames d'une presse à came

Les cames qui actionnent la glissière de coupe ou de dessin d'une presse à came double action sont différentes des autres cames, dans la mesure où chacune actionne deux rouleaux qui sont à une distance fixe l'un de l'autre. Afin d'éviter le jeu ou le ressort des bielles, un défaut que l'on trouve dans la plupart des presses à came, il est évident que les rouleaux doivent toucher constamment la face de la came. Dans la fig. 47, la méthode ordinaire de tracé de telles cames est montrée ; cette découpe montre également le fait que cette méthode ordinaire n'accomplit pas l'objectif souhaité. Nous voyons que dans cette came, les deux courbes qui donnent à la glissière son mouvement de haut en bas sont construites avec les mêmes rayons, ce qui doit clairement donner une courbe défectueuse en certains points.

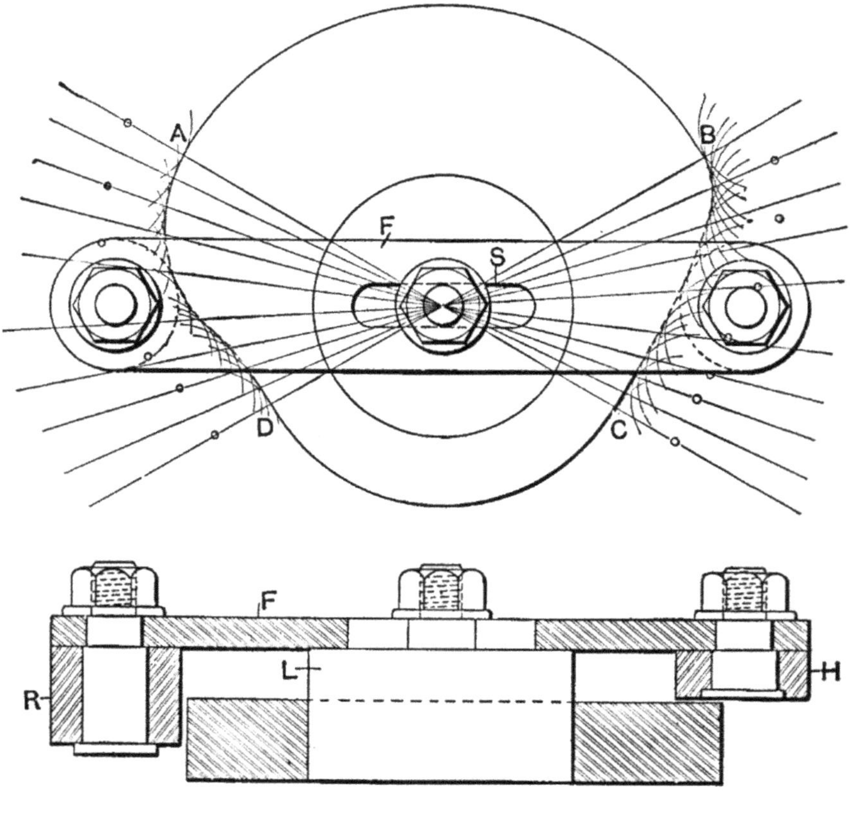

Fig. 46.- Dispositif pour le tracé précis des cames destinées à une presse à commande par came.

La principale caractéristique que notre came doit posséder peut être exprimée comme suit : Deux rouleaux de diamètres égaux, qui sont à une distance fixe (A dans la fig. 47) l'un de l'autre, sur une ligne passant par le centre de la came, doivent toujours tangenter la came pendant qu'elle effectue sa révolution. En regardant la fig. 47, nous voyons que la courbe qui couvre l'angle C et la courbe en pointillé qui couvre l'angle D atteignent cet objectif. Une petite réflexion convaincra que cette courbe ne peut pas être construite de manière absolument correcte en donnant les rayons pour la courbe de montée et de descente, en raison du fait que la forme de l'une dépend entièrement de la forme de l'autre.

Nous pouvons cependant donner les rayons pour une courbe et construire l'autre courbe à partir de celle-ci à l'aide du dispositif suivant. Il est supposé que dans la plupart des cas, il sera économique de découper une came maîtresse et de l'utiliser pour découper les autres. Cependant, lorsque seules quelques cames doivent être découpées, il sera bon d'en construire une avec l'aide de notre dispositif et d'utiliser celle-ci comme modèle pour les autres.

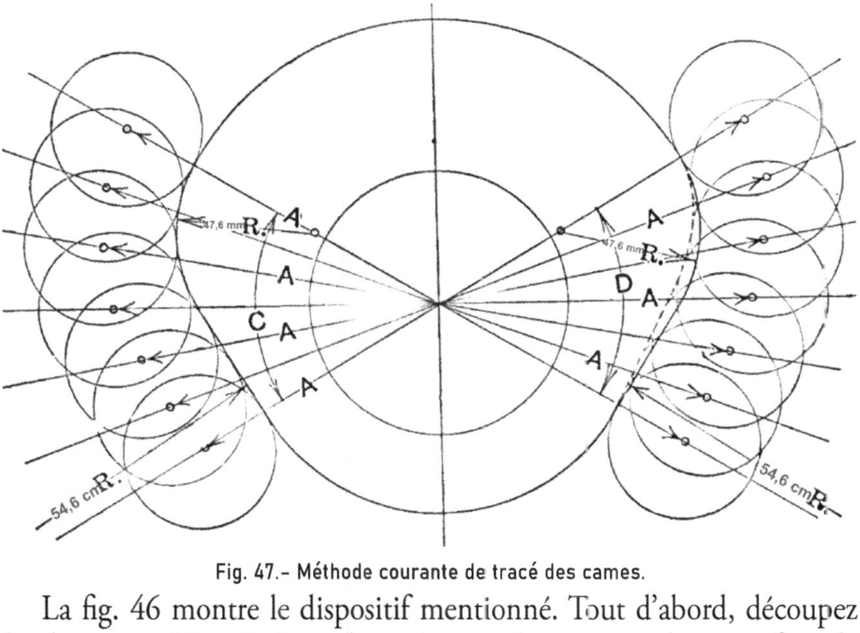

Fig. 47.- Méthode courante de tracé des cames.

La fig. 46 montre le dispositif mentionné. Tout d'abord, découpez les deux arcs, AB et DC, qui bien sûr sont des arcs circulaires parfaits de rayons donnés, et découpez également la courbe AD à partir de rayons donnés. Ensuite, placez le bouchon central L dans le trou central de la came et fixez la barre F sur L. La barre F a deux rouleaux, R et H, fixés de manière que leur distance centrale soit égale à la distance centrale des rouleaux de came dans la presse à came dans laquelle les cames doivent être utilisées. Les rouleaux R et H ont le même diamètre que les rouleaux de came dans la presse.

Maintenons le rouleau R contre la came le long de la courbe AD et suivons cette courbe sur toute sa longueur. Le bouchon central L maintiendra toujours la ligne reliant R et H au centre de la came, et la fente S nous permettra de suivre la courbure de AD. En grattant le contour du rouleau H sur la pièce de came à de très courtes distances, nous aurons un contour complet sur la pièce de came, qui doit indiquer la courbure absolue de BC. Cette courbure doit posséder toutes les qualifications précédemment énoncées comme absolument indispensables pour une came de presse correcte.

Une came ou un ensemble de cames tracées de cette manière éliminera l'une des principales objections généralement soulevées contre une presse à came, à savoir le jeu ou le ressort des bielles de connexion des rouleaux de came.

Forme des rouleaux pour les cames cylindriques

Les rainures et les rouleaux pour les cames cylindriques sont fabriqués de différentes manières, plus ou moins adaptées au travail à effectuer. La fig. 48 montre un rouleau droit et une rainure, la fig. 49 un rouleau avec une surface arrondie dans une rainure à côtés droits, et la fig. 50, un rouleau et une rainure biseautés.

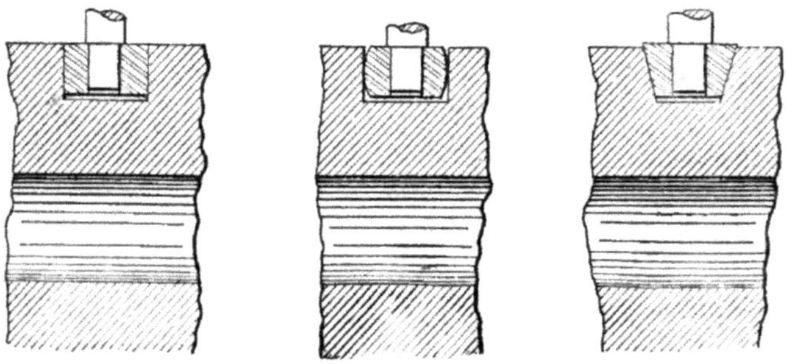

Fig. 48. Fig. 49. Fig. 50.
Différentes formes de galets de came

Dans la fig. 48, l'action du rouleau est défectueuse en raison de la vitesse de surface variable de la came en haut et en bas de la rainure, due à sa distance radiale variable par rapport à la ligne centrale. Cela provoque une usure et une friction excessives, surtout dans une came à grande vitesse avec des pentes raides. Pour de tels cas, si la charge est légère, l'arrangement montré dans la fig. 49 est meilleur, car le rouleau n'a qu'une très petite surface de contact et est donc insensible à une distance radiale variable. Pour les travaux lourds, cependant, la petite surface de contact s'use rapidement, et le rouleau presse une rainure dans le côté de la came, détruisant ainsi la précision du mouvement et permettant un jeu important.

Dans la fig. 50, la forme conique est donnée au rouleau dans l'idée de lui donner une action de roulement véritable dans la rainure. Cependant, dans la plupart des cas où cette forme est utilisée, les lignes des côtés du rouleau semblent converger vers la ligne centrale de la came, comme montré dans la figure. Si la rainure était simplement circonférentielle, elle produirait un mouvement parfait, semblable à celui des cônes de pas de deux engrenages coniques roulant l'un sur l'autre. Si le mouvement était en ligne avec l'axe de la came, sans aucun mouvement circulaire, les conditions seraient parfaites dans la fig. 48. Il est évident que dans des conditions intermédiaires, la rainure doit être donnée une forme intermédiaire entre les deux.

Dans de nombreuses cames de cette sorte, la charge lourde se trouve sur une section de la came qui est de pas presque uniforme et de longueur considérable. Dans un tel cas, il est préférable de proportionner la forme du rouleau pour fonctionner correctement pendant la partie importante du cycle, en le laissant aller comme il le fera à d'autres moments.

Dans la fig. 51, *b* est la distance circonférentielle sur la surface de la came, qui inclut le mouvement que nous souhaitons adapter au rouleau. Le déplacement de la came pour ce mouvement

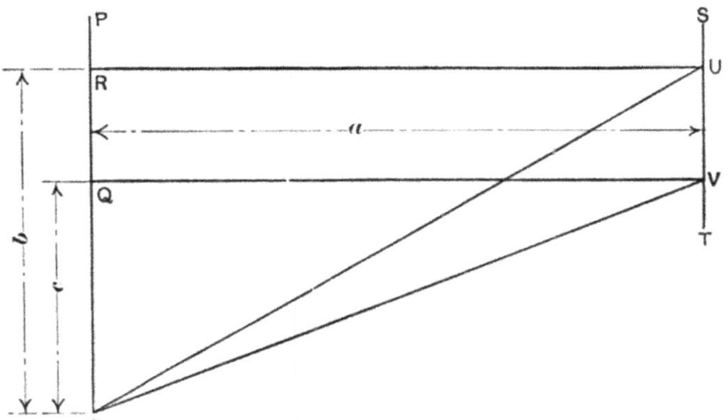

Fig. 51.- "Schéma illustrant la méthode de détermination de la forme des galets de came.

circonférentiel est *a*. La ligne OU sera alors un développement du mouvement du rouleau de la came pendant la partie donnée du cycle, et *c* est le mouvement correspondant à *b*, mais sur un cercle dont le diamètre est celui de la came au bas de la rainure.

Avec la même course *a* qu'auparavant, la ligne OV représentera le développé de la came au fond de la rainure OU correspondant alors à la longueur de l'hélice parcourue par le sommet du galet, tandis que OV représente la distance parcourue au fond de la rainure.

Si la largeur supérieure et la largeur inférieure de la rainure sont proportionnelles à OU et OV, la forme sera adaptée pour donner le résultat que nous recherchons.

Table des Matières

Chapitre I – Traçage des cames

Tracer une came pour un mouvement alternatif uniforme 6
Méthode alternative de tracé de la courbe de la came 8
Cames avec poussoirs à rouleaux 8
Came à action positive pour mouvement variable du poussoir 10
Ligne d'action du poussoir excentrique avec l'axe de la came............12
Cames avec poussoirs pivotés...14
Cames et poussoirs ayant tous deux un mouvement variable.............14
Le poussoir " à pied plat " 16
Cames à double contact...18
Cames cylindriques 19
Tracer une came pour déplacer les courroies d'une raboteuse............20
Tracer une came à mouvement intermittent avec poussoir pivoté.....24

Chapitre II – Courbes de cames

Courbe de mouvement uniforme...27
Courbe de mouvement harmonique...28
Courbe de gravité...29
Approximation de la courbe de gravité..31
Disposition des cames pour des mouvements rapides 31
Came cylindrique à mouvement uniforme...33
Came cylindrique à mouvement uniformément accéléré......................34
Came à plaque à mouvement accéléré...37
Came à plateau avec poussoir à barre 38
Effet du changement de position de la chaudière de la came 40

Chapitre III – Notes sur la conception des cames

Défauts dans la conception des cames 46
Roulements de came et goujons de rouleaux 47
Découpe de cames à avance uniforme dans la fraiseuse 48
Accessoires de fraiseuse pour découper des cames 50
Un accessoire de découpe de came pour le tour 52

Chapitre IV – Découpe des cames maîtresses

Méthode courante de fabrication des cames maîtresses 55
Méthode améliorée pour produire des cames maîtresses 57
Fraise spéciale pour la finition des cames rainurées 60

Chapitre V – Suggestions pour la fabrication des cames

Fabrication des cames maîtresses 63
Méthode simple pour découper des cames avec précision 66
Dispositif pour tracer les cames d'une presse à came 67
Forme des rouleaux pour les cames cylindriques 70

Mécanique

www.decoopman.com

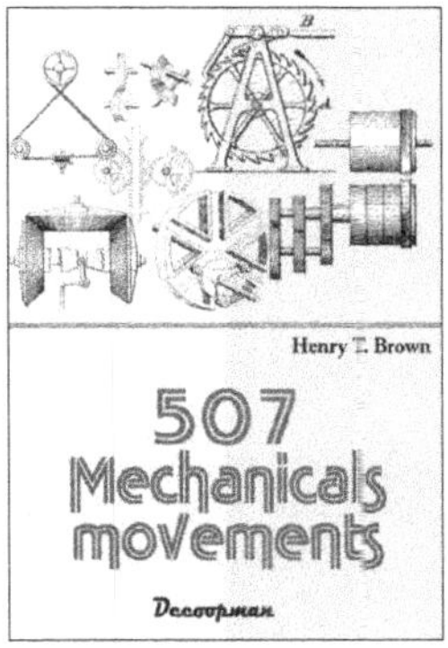

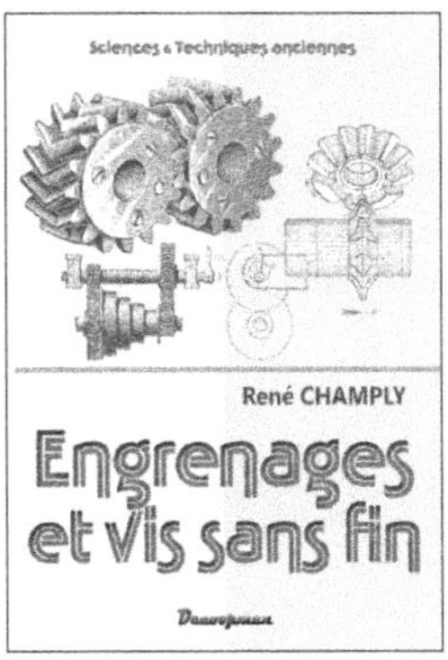

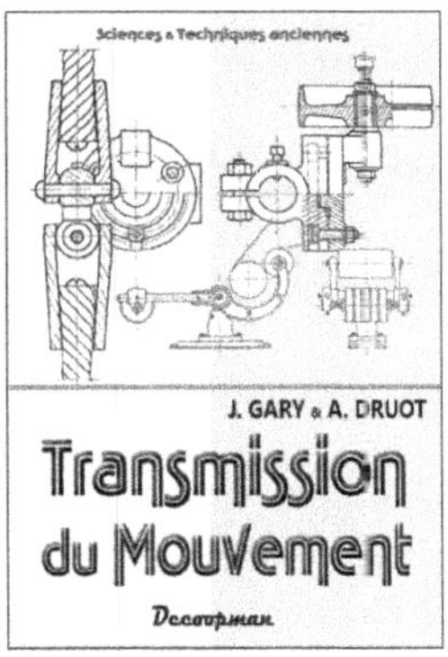

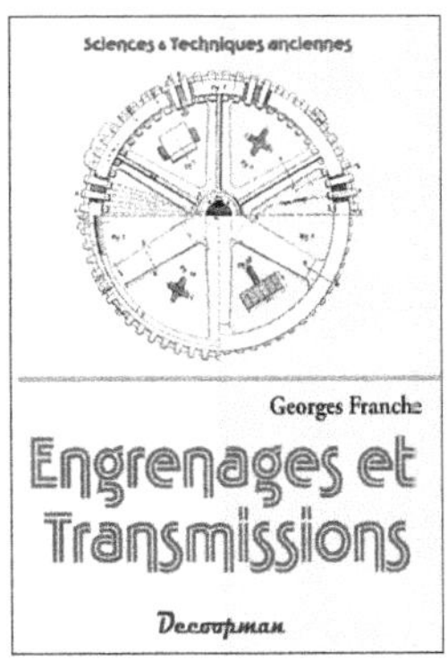

Éditions Decoopman - Ferrières - 30440 Saint-Laurent-le-Minier
web: www.decoopman.com - e.mail: livres@decoopman.com

Mécanique

www.decoopman.com

Éditions Decoopman - Ferrières - 30440 Saint-Laurent-le-Minier
web: www.decoopman.com - e.mail: livres@decoopman.com

www.ingramcontent.com/pod-product-compliance
Lightning Source LLC
LaVergne TN
LVHW052139041026
849558LV00042B/552

* 9 7 8 2 3 6 9 6 5 1 9 9 4 *